W0221149

Dr. Wolfgang Schulte

SAUJAGD

NEUMANN-NEUDAMM

Wolfgang Schulte: Saujagd
ISBN: 978-3-7888-1138-9

© 2007/2008 Verlag J. Neumann-Neudamm AG
Schwalbenweg 1, 34212 Melsungen, Tel. 05661.9262-26, Fax 05661.9262-19
www.neumann-neudamm.de

Das Werk einschließlich aller seiner Teile ist urheberrechtlich geschützt. Jede Verwertung außerhalb der engen Grenzen des Urheberrechtsgesetzes ist ohne Zustimmung des Verlages unzulässig und strafbar. Das gilt insbesondere für Vervielfältigungen, Übersetzungen, Mikroverfilmungen und die Einspeicherung und Verarbeitung in elektronischen Systemen.

Satz & Layout: Verlag J.Neumann-Neudamm AG
Titelgestaltung: Verlag J. Neumann-Neudamm unter Verwendung eines Fotos des Verfassers
Die Zeichnungen stammen von dem Verfasser

Printed in the European Community
Druck und Weiterverarbeitung: Bercker-Druck, Kevelaer

Inhalt

Saujagd

Vorwort

Saujagd ist Spannung und Erlebnis pur. Es ist bisweilen auch die Begegnung mit dem Urigen, dem Wilden und Wehrhaften. So sind es gerade Saujagdgeschichten, die uns immer wieder aufs Neue in den Bann schlagen. Auf dem Ansitz, bei der Bewegungsjagd oder auf der Pirsch - kaum eine andere Wildart übt in Mitteleuropa eine vergleichbare Faszination aus. Vor allem die Jagd auf einen reifen Keiler bietet unvergessliche Eindrücke und seine Erlegung gilt oftmals als besonderer Höhepunkt im Jägerleben. Nicht selten ist ein starkes Keilergewaff viel schwerer zu erbeuten, als manches prächtige Hirschgeweih.

Keine andere Wildart hat sich in der jüngeren Vergangenheit so stark ausbreiten können wie das Schwarzwild. Dies liegt vor allem an der großen Anpassungsfähigkeit der Sauen, an ihren hohen Vermehrungsraten, an häufigen Mastjahren mit Mengen von Eicheln und Bucheckern und am zu nehmenden Anbau von Mais und anderen energie- und deckungsreichen Feldfrüchten. Waren die Sauen früher vor allem in ausgedehnten Waldgebieten vertreten, so sind sie jetzt nahezu überall auf dem Vormarsch. Daher spielt das Schwarzwild heutzutage auch in Revieren eine Rolle, in denen es in früheren Zeiten nur selten oder gar nicht vorkam.

In den 1960er Jahren lag die jährliche Jagdstrecke hierzulande noch bei unter 30.000 Stücken Schwarzwild. Mittlerweile werden in der Bundesrepublik Deutschland rund eine halbe Million Sauen pro Jahr erlegt. Keine andere Schalenwildart hat einen vergleichbaren Aufschwung genommen. Experten sprechen sogar von einem regelrechten "Schwarzwild-Boom". Immer mehr Jäger haben deshalb die Möglichkeit und zugleich auch die Verpflichtung, auf Sauen zu jagen. So wird das Schwarzwild oftmals auch zur ersten Hochwildart, die von der Jungjägerin oder vom Jungjäger

erlegt werden kann. “Auf Fuchs und Sau können sie sich gerne ‘mal bei mir ansetzen”, sagen viele Pächter, denn die Wildschäden, die durch Sauen verursacht werden, sind oft beträchtlich.
Ausgesprochen langweilig ist Jagdbelletristik, in welcher der Waidmann stets kam, sah und siegte. Die Realität bei der Jagd und vor allem bei der Schwarzwildjagd sieht oft ganz anders aus: Nachtjagd und Bewegungsjagd stellen besondere Anforderungen an den Jäger. Nicht immer liegen am Ende die richtigen Stücke auf der Strecke und nicht alle Schüsse sitzen da, wo sie eigentlich sollten. Die Nachsuchen sind mitunter schwierig und das Abfangen einer kranken Sau, die von den Hunden gestellt worden ist, geht nicht immer glatt über die Bühne. Gerade bei der Saujagd liegen deshalb Freude, Stolz und jagdliche Niederlage oft sehr dicht beieinander.

José Ortega y Gasset schrieb in seinen “Meditationen über die Jagd”: “Das Jagen ist ein hartes Unterfangen, das viel vom Menschen abverlangt. Man muss sich in ständiger Übung halten, äußerste Müdigkeit ertragen und Gefahren auf sich nehmen”. Seine Einschätzungen treffen beispielsweise auf die Bergjagd zu, aber auch der passionierte Sauenjäger könnte sie voll unterschreiben: Ausdauer, Beharrlichkeit, Jagdverstand und ein gutes Gespür sind bei der Schwarzwildjagd keinesfalls hinderlich! Darüber hinaus ist das urige Schwarzwild heutzutage das einzige wehrhafte Wild, welches noch den Großteil der heimatlichen Landschaften durchstreift. Es liefert nicht nur ein hervorragendes Wildbret, sondern auch reichlich Jagdgeschichten. Einige davon wurden hier zusammengetragen.

Bad Godesberg - Mehlem, im Keilermond 2007
Wolfgang Schulte

Schwarze Tage . . .

“Wo Licht ist, da ist auch Schatten”, lautet eine alte Binsenwahrheit. So ist es auch bei der Schwarzwildjagd. Neben den jagdlichen Erfolgen stehen die mitunter schmerzlichen jagdlichen Niederlagen. Man denke nur an die Nachtjagd und an die Bewegungsjagd: Hier häufen sich manchmal schlechte Schüsse. Bei flüchtigem Rehwild hält man sich zurück, auf flüchtige Sauen wird oft rigoros “Dampf” gemacht. Bei Rücken- und Keulenschüssen wird der Jagdgast mitunter nicht nur beim Staatsforst, sondern auch von manchem Jagdpächter gebeten, dass betreffende Stück bitte auch zu übernehmen. Mit anderen Worten: Es ist zu bezahlen. Schneller als es dem Schützen lieb ist, kann es darüber hinaus passieren, dass am Ende der Jagd eine “falsche Sau” liegt, deren Gewicht und Altersklasse nicht der vorherigen Freigabe entsprechen. Typischer Fall: Freigegeben waren braune Frischlinge, aber ein starker Überläufer kommt zur Strecke. So etwas geht zum Beispiel beim Bundesforst oder bei Forstbehörden auf Landesebene schnell ins Geld. Ein markiger leitender Forstmann aus Hessen pflegt in solchen Fällen bei der Übergabe des Bruches zum Beispiel zu sagen: “Waidmannsheil - da haben Sie sich einen Beifahrer geschossen!” Mit anderen Worten: Diese Sau wird teuer und Sie können sie auch gleich mitnehmen. Hinterher kann sich der betroffene Schütze dann fragen, was denn wohl schlimmer war, die Rechnung über die falsche Sau zu doppelten Jagdbetriebskosten, oder die Kommentare am Streckenplatz. So manche starke Bache ist als vermeindlicher Keiler schon irrtümlich gestreckt worden. Oder der erlegte Keiler erweist sich als zu jung und wird dann vom zuständigen Jagdleiter womöglich als “2A-Hirsch mit Borsten” klassifiziert. Ein winzig kleiner Satz macht alle Jagdfreude zunichte: “Schade ‘drum!” Vielleicht stinkt der Keiler dazu noch durchdringend. Ist er etwa rauschig? Dann fehlt dem Gesetzgeber am Ende der “vernünftige Grund” seiner Erlegung - und auch das ist gar nicht gut. Wie sagte doch der alte Oberförster: “Richtig ansprechen kann man ein Stück erst dann, wenn es liegt”. Lassen wir das mal kommentarlos so stehen. Beim Abschuss einer führenden Bache wird es schließlich ganz und gar düster um das Waidwerk. Bisweilen wird dann sogar der Staatsanwalt aktiv.

Wie ein permanentes Damoklesschwert schweben diese und andere Alpträume über dem Schärflein der aufrechten Sauenjäger. Wollen wir aber deshalb gleich die Büchse an den Nagel hängen? Ich kenne einen guten und stets selbstkritischen Jäger, der nach dem nächtlichen Krankschiessen von zwei Sauen kurz hintereinander und den vergeblichen Nachsuchen tatsächlich mit dem Ansinnen zu mir kam, die Jagd nun endgültig aufgeben zu wollen. Er war total deprimiert. Meine Entgegnung fiel damals nicht gerade zartfühlend aus - etwa in der Richtung: "Wo gehobelt wird, da fallen auch Späne". Aber dennoch ist es so. Was wäre denn, bitteschön, die Alternative? Die Schwarzwildbejagung muss hierzulande nicht nur sein, sie tut vielerorts sogar bitter Not. Wer Saujagd betreibt, der muss wissen, dass dies häufig ein hartes und rauhes Geschäft ist. Auch der Novize, der am Anfang noch oftmals Glück hatte, muss diese Lektion eines Tages lernen. Die "Realität der verlorenen Schlacht" holt jeden ein, auch den erfahrenen alten Jäger dann und wann. Das kann mitunter schmerzhaft sein. Aber daran zeigt sich, dass wir denkende und mitfühlende Wesen sind. Fehler, die uns weh tun, werden in der Regel so schnell nicht wieder passieren. Daher haben auch die fatalen Niederlagen und die durchlebten schwarzen Tage als "heilsame Lehrstücke" noch ihr Gutes. Nachfolgend dazu einige Kostproben.

Klumpenschießen

Fakt war, dass die Sauen in jenen Dezembertagen eine der Kanzeln - genauer gesagt eine ganz bestimmte Sauenkirrung - ständig aufsuchten, um sich dort etwas Mais einzuverleiben. Jeden Morgen war die Kirrung förmlich "explodiert", wie es der Pächter bildhaft nannte. Die meterlangen Hölzer, unter denen das "Sauengold" zu liegen kam, waren zu nächtlicher Stunde vom Schwarzwild wie dünne Mikadostäbchen umhergeworfen worden. Die Wilduhr zeigte jeweils die "Tatzeit" an, und das jagdlich relevante Zeitfenster ließ sich rasch eingrenzen. Nun musste etwas passieren. Also saß ich auf Befehl des Pächters an. Laufend wurden von den Nachbarn mehr Sauen geschossen, als in seiner eigenen Jagd. Verhasst waren ihm deshalb gering passionierte Mitjäger, "die lieber zum Kegeln gehen, als zum nächtlichen Sauenansitz". Und es folgte der bissige Kommentar: "Bei denen ist die Jagd nicht vorrangig, sondern nachrangig". So etwas konnte er mir nicht vorwerfen. Doch als ich nächtens auf besagter Kanzel mehrfach Sauen vor hatte und wegen der schlechten Lichtverhältnisse nicht schoss, kam der Kommentar: "Langsam sollten Sie aber mal zu Potte kommen!" Um es klar und deutlich zu sagen: Ich gebe dem betagten Mann nicht die Schuld an dem nun folgenden Desaster, denn schließlich muss man derartigen Ratschlägen ja nicht folgen. Nachts gegen zwei Uhr, es war Ende Dezember, hatte ich beim nächtlichen Ansitz auf besagter Kanzel wieder einmal Schwarzwild vor. Das Licht war immer noch schlecht. Nur mit Mühe ließen sich im Nachtglas die Mitglieder der Rotte "sortieren": An der Kirrung machte sich offenbar eine Bache mit mehreren starken Frischlingen zu schaffen. Ich griff zur Büchse, backte an, peilte durch die hochauflösende Zieloptik mit hoher Dämmerungszahl - und sah fast nichts. Ich blickte quasi in ein "schwarzes Loch". Erst nach einer gewissen Adaptionsphase schälten sich langsam einige tiefschwarze Klumpen aus dem schwarzgrauen Dunkel des Hintergrunds heraus. Bernd Balke, ein befreundeter Jagdbuchautor hat diese Situation, nämlich das nächtliche "Klumpenschießen", stets heftig moniert. Ich hätte besser auf ihn hören sollen. Statt dessen riss ich Funken. Ich war mir zunächst sicher, sagen zu können, wo beim Stück zum Zeitpunkt der Schussabgabe "vorne" und "hinten" gewesen war. Nachdem der Kugeldonner verhallt war, schaute ich auf die berühmte "leere Bühne". Und ich vernahm krachendes, lautes Abwechseln, hörte zudem eine Sau klagen. Am Anschuss fand sich reichlich Schweiß. Ich griff zum Handy. Nachts um 2:30 Uhr trafen der Jagdaufseher und der Pächter ein. Im Lampenschein wurde klar: Offenbar nur Wildbretschweiß. Die Schweißmenge nahm im weiteren Verlauf der Fluchtfährte außerdem rasch ab. Also besser morgen nachsuchen! Ab nach Hause und ein paar Stunden ruhen. Besonders gut habe ich in der kurzen Nacht nicht geschlafen.

Morgens nach dem Hellwerden rücken Bernd Balke und seine Deutsch-Drahthaarhündin Missi zur Nachsuche an. In meinem Jagdtagebuch hat Bernd später noch randlich mit Bleistift den ordnungsgemäßen Namen seines Jagdhundes vermerkt: "Artemis von der Neffelbachaue!" Seine

Nachsuchenbüchse hängt griffbereit über der Schulter. Die Lufttemperatur ist auf knappe drei Grad gefallen. Am Anschuss finden wir trotz des nächtlichen Regens immer noch Schweiß. Missi nimmt unverzüglich die Fährte an. Der Schweißriemen strafft sich. Die Nase der Hündin saugt sich auf der Fährte der kranken Sau förmlich fest. Dann geht es zügig bergab. Bernd meint plötzlich, seine Missi würde faseln. Doch schnell wird klar, dass der Hund Recht hat: Auf einem Grünlandstreifen finden sich bald darauf deutliche Schalenabdrücke. Dann geht es auf eine kleine Dickung zu. Wir sind etwa 600 Meter vom Anschuss entfernt. “Hier ist ‘was”, ruft Bernd. Der Hund steht plötzlich vor und wird geschnallt. Die Sau sitzt nicht weit entfernt von uns in einem dichten Strauch- und Dornenfilz. Rasch hat der Drahthaar die Wutz am rechten Teller gefasst. Von nun an lässt Missi nicht mehr locker! Lautes Knurren und Klagen. An einen Fangschuss ist nicht zu denken: Schussknall, Kugel und Splitter würden den Hund viel zu stark gefährden. Der Hundeführer greift zum Jagdmesser und fängt die Sau mit einem Stich in die Kammer ab. Eine Frischlingsbache mit einem Gewicht von rund 30 Kilogramm liegt nach erfolgreicher Nachsuche zur Strecke. Mit einem hässlichen Keulenschuss. Vom überreichten Schützenbruch zweige ich einen Teil für die Hündin ab und übergebe diesen mit einem “Waidmannsdank” dem Hundeführer. Diesen Bruch steckt Bernd unter Missis Halsung. Schließlich ist ihr die Jagdbeute zu verdanken. Später bekam Missi von mir auch noch eine dicke Wurst.

In Bernds erstem Jagdbuch (2001: Daß es dem Menschen schmeckt, Jäger zu sein) finden sich die folgenden Zeilen: “Es reicht nicht aus, sich als Jäger zu erkennen, der Tiere töten darf. Es geht darum, mit Vorsicht und Behutsamkeit das Jagen richtig auszuüben”. Ich hätte diese Sätze vor dem nächtlichen Schuss ins Dunkle aufmerksamer lesen sollen.

Wenn der Druck zu groß wird

Drückjagden haben ihre eigenen Gesetze. Eines davon lautet: Wer als Schütze irgendwo angestellt wird, darf aus Sicherheitsgründen unter keinen Umständen (niemals!) eigenmächtig seinen Stand verlassen. Desweiteren sollte man bezüglich seiner Schüsse sowohl an die Sicherheit, als auch an die Freigabe denken. Tabu sind beim Schwarzwild vor allem führende Bachen. Ferner sind Leitbachen grundsätzlich zu schonen. Ohne sie kann im Sozialverband einer Saurotte schnell ein Chaos ausbrechen, denn ohne die "diensthabende Obersau" ist eine Rotte orientierungslos und geht dann bisweilen auch vermehrt zu Schaden. Um Norbert Happ zu zitieren: "Die Leitbache ist für das gesamte Verhalten einer Schwarzwildfamilie verantwortlich". Sie verhindert die Paarungsbereitschaft juveniler weiblicher Rottenmitglieder und sie löst die Rausche aus. Diese hormonell gesteuerten Abläufe bewirken nicht nur eine zeitgleiche Paarungsbereitschaft, sondern führen auch zu einer gemeinsamen Geburt, bei der die Altersunterschiede der Frischlinge gering und damit ihre Überlebenschancen höher sind. Fehlt der steuernde Einfluss älterer Tiere auf das Paarungsgeschehen (etwa durch Abschuss, Verkehrsunfall, Unfall und Krankheit führender Bachen), können Bachen das ganze Jahr über empfängnisbereit sein.

"Gar lustig ist die Jägerei", weiß ein altes Volkslied über den Jäger aus Kurpfalz. Die Realität sieht leider manchmal völlig anders aus. Vom Volumen her kann zum Beispiel eine bei der Bewegungsjagd anwechselnde starke Bache, zumal wenn sie in zügiger Bewegung ist, durchaus einem guten Keiler ähnlich sehen. Ist der Schuss dann erst einmal raus, wird die Sache für den Schützen mitunter prekär. Da gibt es zum Beispiel die Geschichte vom selbstherrlichen Grünrock, der sich stets als "hervorragender Schütze" produzierte, andere Jäger bei der Jagd ständig maßregelte und dem dann selber eine saftige jagdliche Niederlage zuteil wurde. Es begab sich nämlich, dass ein solcher Nimrod bei einem befreundeten Jagdpächter zur Drückjagd eingeladen war und einen guten Stand bekam. Dort wurde er von seinem Ansteller eingewiesen. Mit dem Anblick einer starken Sau nahm dann das Unglück seinen Lauf. Während die Jagd noch in vollem Gange war, wurde der besagte Schütze von der Treiberwehr mit einem Mal weit abseits seines Standes aufgegriffen. “Mit vor Jagdgier flackernden Augen”, wie man später erzählte. Er hatte eine überdurchschnittlich starke Sau beschossen und danach prompt seinen Stand verlassen. Sodann war er dem angeschweißten massigen Tier nachgeeilt, um dem vermeintlichen Keiler einen Fangschuss anzutragen. Nicht auszudenken, was dabei alles hätte passieren können! Später dann, nachdem das Stück endlich lag, wurde klar: Es handelte sich bei der beschossenen Sau nicht um den erhofften Keiler, sondern um eine starke Bache. Wahrscheinlich sogar um eine Leitbache. Der besagte Schütze hatte ihr einen miserablen Keulenschuss verpasst. Ein Lehrstück über zuviel “Glut”, die in manchem Grünrock brennt. Mitunter ist die Jägerei eben alles andere als lustig.

Am Teller fest

Ein Unglück kommt selten allein

Die folgende Episode findet man im Buch des mittlerweile verstorbenen Jagdbuchautoren Walter Henkels (1982: Die Kunst, Böcke zu schießen). Ist Ihnen die Zweideutigkeit des Titels aufgefallen? Die gekürzt wiedergegebene Jagdgeschichte behandelt eine fatale, bei der Saujagd jedoch bisweilen auftretende Situation, von der jeder hofft, dass sie ihm erspart bleiben möge:

Als der Jäger früh am Morgen in der Lüneburger Heide zusammen mit einem Forstbeamten den Hochsitz erstieg, um im moorigen Bruch auf einen dort bestätigten Bock zu jagen, stand vor ihnen unversehens ein starkes Stück Schwarzwild im Gebräch. Der Forstbeamte zitterte und flüsterte: "Ein Hauptschwein!".

An dieser Stelle sei ein kurzer "Einschub" erlaubt, denn die altersbedingten "Dienstränge" beim Schwarzwild (vgl. Snethlage 1949: Das Schwarzwild) sind in der Waidmannssprache genau festgelegt: Im ersten Lebensjahr sprechen wir von einem Frischling. Ab dem 13. Lebensmonat wird ein Stück zur Überläuferbache oder zum Überläuferkeiler und bleibt dies bis zum Alter von 24 Monaten. Frischlinge und Überläufer werden als geringe Sauen bezeichnet. Ab dem zweiten Lebensjahr spricht man von groben Sauen (Bachen und Keilern). Bei den Bachen unterscheidet man Erstlings-/zweijährige Bachen, dreijährige Bachen und alte Bachen. Je nachdem, ob sie Frischlinge haben, ist von führenden Bachen oder von Geltbachen die Rede. Bei den Keilern spricht man zunächst vom 2-jährigen-, 3-jährigen oder 4-jährigen Keiler. Vom vollendeten vierten Jahr ab steht einem Keiler der Ehrenname Schwein zu. Der fünfjährige Keiler ist ein angehendes Schwein und gilt zudem als "jagdbar". Nach Vollendung des fünften Lebensjahres wird er zum hauenden Schwein. Bei einem Keiler, der sieben Jahre oder älter ist, spricht man von einem Hauptschwein. Wer also "Hauptschwein" sagt, spricht von einem reifen Keiler.

Kehren wir zurück zum Hochsitz am moorigen Bruch. Walter Henkels führte damals einen Drilling im Kaliber 6,5x57 R und war sich unsicher.

“Sie können auch mit meiner Büchse schießen”, flüsterte der Forstmann. Gesagt - getan. Eine kurze Anschlagübung, dann war die Kugel raus. Der massige Schwarzkittel sackte ins hohe Gras. “Waidmannsheil!”, freute sich der Forstmann. Nach fünf Minuten baumten die beiden ab. Der Förster brach an einer Eiche die Brüche von denen er dem Jagdgast sogleich den Schützenbruch zu übergeben gedachte. Die vorherige Anspannung steckte den Männern noch in den Gliedern, als sie zum erlegten Stück zogen. Dort fuhr es ihnen dann gehörig in die Knochen: Da lag eine riesige Sau in der Sommerschwarte und acht Frischlinge hingen an ihrem Gesäuge. Es handelte sich nicht um einen Keiler, sondern um eine starke Bache. Die Frischlinge, quietschend und übereinanderhängend, flohen erst, als die beiden Männer ganz nah an die tote Sau herantraten. Der Tod des Muttertiers war bis dahin noch nicht in ihr Bewußtsein gedrungen, denn die Milch floss noch immer in Strömen aus den Zitzen. Tonlos sagte der Forstmann: “Mein Gott!” Dann griff er zum Waidblatt und schärfte das Gesäuge ab. Milch und Schweiß flossen aus der toten Kreatur. Der Forstmann meinte, dass die Frischlinge ohne das Muttertier den Winter überstehen würden. Der unglückliche Schütze war anderer Meinung. Einen Tag später schoss der Jäger auch noch den Bock krank, auf den er im moorigen Bruch eigentlich hatte jagen wollen. Bei der Nachsuche riss der scharfe Terrier des Oberförsters den Angebleiten nieder. Es handelte sich um einen sehr gut veranlagten zweijährigen Bock mit einem schlechten Schuss durchs Gescheide. Abschließender Kommentar des Jägers: “Zwei schöne, traurige Tage. Ganz voll Nachdenklichkeit.”

Zum Kotzen

Der erfahrene Jagdaufseher hielt den Atem an. Vor ihm, an der nächtlichen Kirrung, waren plötzlich mehrere Sauen aufgetaucht. Beim Blick durch das schwere Nachtglas konnte er die Lage etwas besser sortieren: Beim schwächsten Frischling am Rand der Rotte, handelte es sich offensichtlich um ein kleines Keilerchen. Der Pinsel war sogar gut zu sehen. Na, das würde doch genau passen! Nun griff er zu seiner Büchse, brachte sie vorsichtig in Anschlag, visierte sorgfälltig - und ließ dann fliegen. Das Mündungsfeuer blendete kurzzeitig seinen Blick. Dann Aufatmen - die kleine Sau lag im Knall. Die übrigen Sauen waren hochflüchtig abgewechselt. Trotzdem ließ er vor dem Abbaumen noch einige Zeit vergehen, denn das Wild soll den Schuss möglichst nicht mit dem Anblick eines Menschen verbinden. Darauf verließ er die Kanzel und ging zur Kirrung. Hier traf ihn beim Herantreten an das erlegte Stück Wild fast der Schlag: Da lag kein Keilerchen, sondern eine Frischlingsbache mit einem einzelnen, angezogenen Strich in der Milchleiste. Ein führendes Stück! Und um die tote Sau herum wuselte ihr gestreifter “Frosch”, den er jetzt mit einem Schrotschuss aus seinem Drilling erlösen musste. Vorher, beim Ansprechen, hatte er den winzling überhaupt nicht in Anblick gehabt. So verwandelte sich dieser vermeintliche Jagderfolg ganz unversehens in eine herbe jagdliche Niedelage. “Zum Kotzen”, sagte der Jagdaufseher, “da nimmt man sich Zeit zum Ansprechen, wählt mit Bedacht das schwächste Stück aus - und dann sowas. Klar ist: Frischlingsbachen können bisweilen führend sein. Und außerdem: Nach kalten, regenreichen Frühjahrsperioden sterben häufig die ersten Frischlingssätze. Aber auch aus anderen Gründen kann es zum Nachfrischen kommen. Deshalb erscheinen führende Bachen mit kleinen “Fröschen” mitunter auch zur Unzeit. Das alles macht die Saujagd nicht unbedingt einfacher. Man muss also stets mit allem rechnen, wachsam sein - und vorsichtig!

Auch mit “Bauerndoubletten” - siehe bei den Jagdtagebuchkapiteln- oder selten vorkommenden “Tripletten” (wenn drei Stücke nach einem Schuss liegen) sollte man sich besser nicht rühmen, denn obwohl sie meist ohne Absicht passieren und der Jäger an der mehrfachen Beute zumeist auch seine Freude hat, zählen derartige Vorkommnisse bei der Schwarzwildjagd ebenfalls zum Themenkreis der “argen Schnitzer”, die mitunter passieren.

Die Urzeitsauen

Das Schwarzwild macht immer wieder durch seine Schusshärte und Wehrhaftigkeit von sich reden. Keine andere heimische Wildart strahlt eine derartige Stärke, Lebenskraft und Urwüchsigkeit aus. Vergleicht man allein den Unterkiefer einer Sau mit seinen dicken und massigen Knochen mit den eher grazil gebauten Unterkiefern der anderen Schalenwildarten, so drängen sich einige Fragen auf: Wo liegen die naturgeschichtlichen Wurzeln unserer wilden Schweine? Wer waren ihre Urahnen? Wie waren diese urzeitlichen Verwandten im Hinblick auf Körpergröße und Verhalten beschaffen? Wo liegen die Ursachen der Sonderstellung des Schwarzwildes im Vergleich zu anderen Schalenwildarten? Werfen wir dazu einen Blick in die Vergangenheit, denn dort treffen wir auf die urzeitlichen Verwandten der Sauen. Wir begegnen dabei urgewaltigen Allesfressern - den mächtigsten Schweinen dieser Erde. Folgen sie mir ins Zeitalter der Urzeitsauen, in eine Welt vor rund 25 Millionen Jahren.

Staub wirbelt auf und die Erde bebt unter gewaltigen Paarhuferschalen. Mit rund 60 Stundenkilometern preschen mehrere büffelgroße ***Entelodons*** heran. Sie gehören zu den Vorfahren unseres heutigen Schwarzwildes. An einem Wasserloch irgendwo in den Weiten des eurasischen Urkontinentes liegt ein gewaltiger Kadaver - und auf den haben es die Urzeitschweine abgesehen. Bei dem Aas handelt es sich um ein verendetes ***Indricotherium***. Dieser langhalsige Verwandte der heutigen Nashörner ernährte sich hauptsächlich von Blättern und Knospen, war hornlos und erreichte eine Schulterhöhe von sechs Metern. Erwachsene Tiere brachten es auf ein Lebendgewicht von rund 30 Tonnen und wurden bis zu acht Metern lang. Das ***Indricotherium*** war damit nach heutigem Kenntnisstand das größte Landsäugetier aller Zeiten. Dieses Tier war ein Zeitgenosse der Urzeitsauen. Das Klima im Zeitalter des Tertiärs, das vor rund 65 Millionen Jahren begann, war trotz einiger Klimaschwankungen deutlich wärmer als heutzutage. In Nordamerika, Europa und Nordasien herrschten teilweise tropische und subtropische Temperaturen. Die frühen Tertiär-Epochen, das Paläozän und das Eozän, dauerten insgesamt rund 30 Millionen Jahre an. Ab dem mittleren

Eozän, vor etwa 39 Millionen Jahren, sowie im nachfolgenden Oligozän und Miozän, also vor rund 29 bis 22 Millionen Jahren, treten an den Ausgrabungsstätten (z. B. in Nordamerika und Eurasien) immer wieder Fossilien großer, schweineähnlicher Säugetiere auf. Viele Landlebewesen der Tertiärs waren deutlich größer und voluminöser als ihre heutigen Nachfahren. Es gab in den verschiedensten Tiergruppen damals regelrechte "XXL-Urzeitsäugetiere". Stark und wehrhaft zu sein, war zur damaligen Zeit offenbar eine der wichtigsten Überlebensstrategien - auch bei den ***Entelodons***. Sie waren von ihrer Muskulatur her äußerst robust gebaut, hatten sehr stabile Knochen und eine furchteinflößende Bezahnung. Der wissenschaftliche Name ***Entelodon*** bedeutet daher auch ***"perfekt bezahnt"***. Zwar fehlten ihnen die nach außen gebogenen Waffen der heutigen Sauen, doch ihre starken und über einen Meter langen Schädel verfügten bereits über ein imposantes Allesfresser-Gebiss mit robusten Mahl- und Reißzähnen. Zudem steckten dolchartige Eckzähne in den urzeitlichen Kiefern.

Auf Grund von Fossilienfunden gehen wir heute davon aus, dass die Urzeitschweine oder ***Entelodons*** in mindestens fünf Gattungen auf der Erde verbreitet waren (***Archaeotherium, Megachoerus, Dinohyus, Entelodon und Eoentelodon***). Alle zusammen repräsentieren eine mittlerweile ausgestorbene, jedoch eng mit den heutigen Schweinen verwandte Tierfamilie. Die Körpergröße der einzelnen Arten lag im Durchschnitt bei der Größe einer Kuh. Die Bandbreite reichte offenbar von der Größe eines Hundes bis zur Größe eines ausgewachsenen Büffels. Ihr gewaltiger, teils über einen Meter messender Schädel schützte ein nur etwa apfelsinengroßes Gehirn. Sie besaßen seitlich am Kopf auffällig lange Wangenknochen. Die Unterkiefer wiesen an ihrer Unterseite, mehrere drehrunde, knopfartige Knochen-Vorwölbungen auf. Eventuell spielten diese knochigen Auswüchse beim Imponieren (Hierachie und Dominanzverhalten) eine Rolle. Ein weiteres, charakteristisches Körpermerkmal der Urzeitschweine war ein stark ausgeprägter Buckel, auf den die langen Dornfortsätze an den Wirbelknochen des Schulterbereiches hinweisen. ***Archaeotherium mortoni*** besaß ein geschätztes Köpergewicht von rund 500 Kilogramm und eine Schulterhöhe von etwa 1,50 Meter. Die Fossilienfunde dieser Art stammen aus Nordamerika und sind auf ein Alter von rund 34 Millionen Jahren datiert worden. ***Megachoerus latidens*** war von ähnlichem Körperbau und offenbar bis zu 60 km/h schnell. Überreste von ***Eoentelodon*** fanden sich in China und Europa. Knochenfunde von ***Entelodon***, der für die Familie namensgebenden Urzeitsauengattung, fanden sich in der Mongolei und anderen Teilen Eurasiens. Dieses Tier hatte eine Schulterhöhe von rund zwei Metern. Mit seinen, im Vergleich zum massigen Körper, auffallend schlanken Läufen, war auch das ***Entelodon*** sehr flott unterwegs.

Kommen wir nun zu ***Dinohyus hollandi*** - einem Urzeitschwein, das den zahlreichen Fossilfunden zufolge vor etwa 29 Millionen Jahren im Oligozän auftrat und während des Miozäns, vor rund 16 Millionen Jahren, offenbar wieder ausstarb. In Körperform und Schnelligkeit ähnelte ***Dinohyus*** zwar der vorgenannten Gattung, war aber noch etwas größer. Dieses Urzeitschwein erreichte die Statur eines ausgewachsenen Bisonbullen, hatte eine Schulterhöhe von rund 2,10 Meter und wurde etwa drei Meter lang. Sein Auftreten fällt mit der Entstehung großer Grasslandebenen zusammen, die von ***Dinohyus*** bewohnt und zeitweise wohl auch beherrscht wurden. Die Funde belegen seine Existenz über einen Zeitraum von 13 Millionen Jahren hinweg. Anfänglich wurde die Art noch als "möglicher Fleischfresser" beschrieben, doch ist man sich auf Grund von Gebissuntersuchungen heute sicher, dass ***Dinohyus*** ein schweinetypischer Allesfresser war. Wahrscheinlich bildete Aas einen großen Teil der Nahrung neben pflanzlichem Fraß, inklusive ausgewühlter Pflanzenwurzeln und Knollen. Allein auf Grund ihrer Größe ist davon auszugehen, dass die Urzeitschweine in der Lage waren, sich anderen Räubern und Artgenossen gegenüber absoluten Respekt zu verschaffen, beispielsweise wenn es um die Vorherrschaft an der Nahrung ging. Ähnliches beobachten wir übrigens heute noch beim Schwarzwild. Zudem geht man davon aus, dass ***Dinohyus*** und andere Vertreter der ***Entelodon***-Familie sicher keine sehr erfolgreichen aktiven Räuber waren, aber dass zumindest Neugeborene, Jungtiere und krankes Wild den Urzeitschweinen zum Opfer fielen. Einige der am besten erhaltenen ***Dinohyus***-Skelette sind in Süd-Dakota und im Nordwesten von Nebraska gefunden worden. Skelette und Knochenreste der ***Dinohyus***-

Urzeitschweine kann man heute zum Beispiel im University of Nebraska State Museum in Lincoln (Nebraska), im Carnegie Museum in Pittsburgh (Pennsylvania) und im Museum of Comparative Zoology der Harvard University in Cambridge (Massachusetts) besichtigen.

Die urzeitlichen Vorfahren unserer Sauen verhielten sich beim täglichen Kampf ums Dasein nicht nur artfremden Nahrungskonkurrenten gegenüber aggressiv, sondern sie fochten auch untereinander harte und mitunter tödlich endende Kämpfe aus. Dies beweisen zahlreiche Befunde ihrer fossilen Knochen: Sowohl bei ***Archaeotherium*** und ***Entelodon,*** als auch bei ***Dinohyus hollandi*** waren in den massigen, harten Schädeln schwere, teilweise mehrere Zentimeter tiefe Bissmarken feststellbar, in welche die großen Eckzähne der eigenen Artgenossen genau hineinpassen. Es ist daher anzunehmen, dass diese Kampfspuren auf äußerst heftig geführte innerartliche Auseinandersetzungen zurückgehen. Vor allem Paarungskämpfe, Revier- und Nahrungsrivalitäten kommen als mögliche Ursachen in Frage. Diese Verhaltensmerkmale brachten den Urzeitsauen in der englischsprachigen Literatur auch Spitznamen wie "***terrible pig***" oder "***terminator pig***" ein.

Damit liegen die wichtigsten Antworten auf die eingangs gestellten Fragen auf der Hand: Die Urzeitschweine waren aggressive Allesfresser, imposant, äußerst flink auf den Läufen, furchtlos, rabiat und zudem annähernd so robust gebaut wie ein Panzer. Damit wird die Sonderstellung des heutigen Schwarzwildes und anderer, heute noch vorkommender wilder Schweine innerhalb unserer derzeitigen Wildbestände viel besser verständlich. Denn ein großer Teil des Erbes ihrer wehrhaften Urahnen ist noch heute in ihnen lebendig.

Dinohyus hollandi - ein Urahne
unseres Schwarzwildes

Sauenpirsch im Blätterwald

Eine Erfolgsgeschichte

Das Schwarzwild ***(Sus scrofa)*** gehört zur Familie der altweltlichen oder echten Schweine ***(Suidae)*** aus der Unterordnung der Nichtwiederkäuer, die wiederum zur Ordnung der Paarhufer zählt. Das gegenwärtige Verbreitungsgebiet der Art reicht von Westeuropa bis Südost-Asien. Durch Einbürgerungen in Nord- und Südamerika, Australien sowie auf zahlreichen Inseln sind Sauen als Jagdwild heute fast weltweit verbreitet. Sie sind Allesfresser und sehr anpassungsfähig. In Mitteleuropa nehmen sie durch den verstärkten Anbau von Mais und anderen energie- und deckungsreichen Feldfrüchten stark zu und wandern gebietsweise auch in besiedelte Bereiche ein. Das Schwarzwild ist die Stammform des Hausschweines.

Das Gewicht und die Körperlänge des Schwarzwildes sind abhängig von seiner geographischen Verbreitung unterschiedlich ausgeprägt. Als grobe Regel kann gelten, dass die Körpermasse und Körpergröße von Süden nach Norden und von Westen nach Osten stetig zunehmen. In unseren Breiten erreichen freilebende Keiler nur selten eine Kopf-Rumpf-Länge um 190 Zentimeter und ein Gewicht um 200 Kilogramm (aufgebrochen). Keiler von 260 Kilogramm und Bachen bis über 120 Kilogramm sind für das ehemalige Ostpreußen dagegen bestätigt. Bei Heck & Raschke (1985: Die Wildsauen) ist ferner ein im November 1943 im Baltikum (Dundaga, Lettland) erlegter Keiler erwähnt, der bei einer Schulterhöhe von 125 Zentimetern und einer Gesamtlänge von 275 Zentimetern (wovon 75 Zentimeter auf den Pürzel entfielen), aufgebrochen 318 Kilogramm auf die Waage brachte. Das Gewaff dieses gewaltigen Bassen erreichte 148,6 internationale Punkte. Auch in anderen Teilen Osteuropas und Eurasiens (z. B. Karpaten, Kaukasus), in der Türkei und in einigen Gebieten Asiens können Keiler ein Gewicht von aufgebrochen bis über 300 Kilogramm erreichen. Das weltweit stärkste Schwarzwild zieht wahrscheinlich im Gebiet des Ussuri, einem Grenzfluss zwischen Russland und China, seine Fährten. Der Ussuri entspringt in Russisch-Fernost nordöstlich von Wladiwostok im Süden des Sichote-Alin-Gebirges und mündet nach 588 Kilometern in den Amur.

Das Schwarzwild ist in Europa, Asien sowie in Teilen der asiatisch-pazifischen Inselwelt in zahlreichen Unterarten verbreitetet. Ursprünglich kam es von den Britischen Inseln und Marokko im Westen über ganz Mittel- und Südeuropa, Vorderasien, Nordafrika, Vorder- und Hinterindien bis Japan und Vietnam im Osten vor und erreichte über die Sundainseln (Sumatra, Java usw.) wahrscheinlich mit Hilfe des Menschen auch Flores, Neuguinea sowie einige Südseeinseln. Im Norden drang es bis Südskandinavien und Südsibirien vor. Außerdem findet man es auf Sardinien, Korsika, Sri Lanka, Hainan, Taiwan und auf den Philippinen. In Nordafrika war es bis vor wenigen Jahrhunderten entlang des Niltals bis südlich von Khartum verbreitet und es kommt nördlich der Sahara vor. Die früher von der Südtürkei bis nach Palästina vorkommende Unterart ***Sus scrofa libycus*** sowie die in Ägypten und im Sudan beheimatete Unterart ***Sus scrofa sennaarensis*** gelten mittlerweile als ausgestorben.

Das Verbreitungsareal des Schwarzwildes hat sich im Laufe der Jahrtausende oft verändert. Während der Kaltzeiten hat es sich mehrfach in östlicher und südlicher Richtung verschoben und während der Wärmeperioden wieder in westlicher und nördlicher Richtung ausgedehnt. In den letzten Jahrhunderten hat sich das Verbreitungsgebiet vor allem aufgrund menschlicher Eingriffe verändert. Mit der Ausdehnung und Intensivierung der Landwirtschaft nahm auch die Bejagung der Sauen stark zu, so dass die Art beispielsweise in England bereits zu Beginn des 17. Jahrhunderts ausgerottet war. In Dänemark erlegte man die letzten Stücke Anfang des 19. Jahrhunderts. Bis 1900 gab es in Tunesien und im Sudan kein Schwarzwild mehr und auch in Deutschland sowie in Österreich, Italien und in der Schweiz waren damals viele Regionen schwarzwildfrei.

Im 20. Jahrhundert hat das Schwarzwild weite Teile seines ursprünglichen Verbreitungsgebietes wieder zurückerobert. So sind beispielsweise in die italienische Toskana, die lange Zeit aufgrund der intensiven landwirtschaftlichen Bewirtschaftung schwarzwildfrei war, in den 1990er Jahren wieder Sauen eingewandert. Gut dokumentiert ist auch die Arealerweiterung in Osteuropa. Um 1930 gab es in den Sumpfwaldgebieten Weißrusslands, der Ukraine, Litauens und Lettlands noch Schwarzwildbestände. Von dort aus verbreitete sich die Art dann entlang der Flussniederungen von Düna, Dnjepr und Desna sowie später auch entlang der Flüsse Oka, Wolga und Don. Um 1960 war das Schwarzwild bereits wieder von Sankt Petersburg bis Moskau verbreitet, um 1975 erreichte es Archangelsk und Astrachan. Ähnliches vollzog sich auch in westlicher Richtung, so wanderten unter anderem in Finnland Sauen ein. In den 1970er Jahren gab es in Dänemark und Schweden wieder einige Vorkommen, wobei diese wohl meist auf Sauen zurückgehen, die aus Wildgehegen ausgebrochen sind. Die Populationsentwicklung des Schwarzwildes wird bei uns auch durch die Jahresstrecken deutlich: Ende der 1930er Jahre betrug die durchschnittliche Jagdstrecke knapp über 10.000 Stück. In den 1960er Jahren lag die Jagdstrecke hierzulande bei unter 30.000 Stück. In den Jagdjahren 2001/2002 und 2002/2003 wurden in Deutschland erstmalig mehr als 500.000 Stück Schwarzwild erlegt.

Anfang des 20. Jahrhunderts wurde das Schwarzwild zu Jagdzwecken in den USA eingebürgert, wo es sich zum Teil mit verwilderten Hausschweinen vermischt hat, die schon seit Anfang des 16. Jahrhunderts im Südwesten der Vereinigten Staaten lebten. Durch diese Vermischungen gibt es in Nordamerika heute bei den freilebenden Populationen keine klare Abgrenzung zwischen Hausschwein und "Wildschwein". Dabei scheinen sich Tiere, die einen relativ hohen Schwarzwild-Anteil haben, gegenüber Sauen mit hohem Hausschwein-Anteil durchzusetzen, zumal die Bestände oft scharf bejagt werden. Zu den US-Staaten mit einem "Wildschweinbestand" zählen Kalifornien, Florida, South Carolina, Georgia, Alabama, Arkansas, Oklahoma, Arizona und Louisiana. Auch in Südamerika gibt es eingebürgerte Schwarzwildbestände. In Argentinien wurden Sauen um 1900 eingeführt und leben dort zwischen dem 40. und 44. Breitengrad. Schwarzwildbestände, die sich zum Teil ebenfalls mit Hausschweinen vermischt haben, gibt es zum Beispiel auch auf Neuseeland und in Australien, auf Hawaii, Trinidad und Tobago sowie in Puerto Rico. In Australien wurde zu Beginn des 19. Jahrhunderts Schwarzwild eingeführt. Heute gelten die Sauen dort als Plage. Sie töten beispielsweise neugeborene Lämmer und gelten als landwirtschaftliche Schädlinge. Auch auf zahlreichen südostasiatischen Inseln, bis hin zum Bismarck-Archipel, den Salomonen und den Admiralitätsinseln, wurden Sauen eingebürgert.

Das Schwarzwild ist in der Lage, sich unterschiedlichsten Lebensräumen anzupassen. Dazu trägt auch bei, dass Sauen ausgesprochene Allesfresser sind, die sich zudem neue Nahrungsquellen rasch erschließen können. Durch ihre Fähigkeit, den Boden aufzubrechen, haben sie Zugang zu Nahrungsressourcen, die anderen Großsäugern nicht zur Verfügung stehen. Mit ihrem kräftigen Gebiss sind sie sogar in der Lage, hartschalige Früchte wie Kokosnüsse aufzubrechen. Sie sind ausgezeichnete Schwimmer und verfügen über eine gute Wärmeisolation, so dass sie sich auch an Feuchtgebiete anpassen können. Auf Grund dieser Fähigkeiten zählen sowohl borealer Nadelwald, Sumpfgebiete als auch immergrüner Regenwald zu den geeigneten Lebensräumen. Die nördliche Verbreitung des Schwarzwildes wird vor allem dadurch begrenzt, dass ein über längere Zeit gefrorener Boden es ihm unmöglich macht, an unterirdische Nahrungsreserven zu gelangen. Außerdem behindert hoher Schnee die Fortbewegung und die Nahrungssuche, daher fehlt Schwarzwild in Hochgebirgslagen. Im klimatisch gemäßigten Mitteleuropa entwickeln die Sauen unter natürlichen Bedingungen die höchsten Bestandsdichten in Laub- und Mischwäldern, die einen hohen Anteil an Eichen und Buchen haben und in denen es sumpfige Regionen sowie wiesenähnliche Lichtungen gibt. Subtropischen und tropischen Klimaregionen passt sich das Schwarzwild durch eine starke Reduktion des Borstenkleids an. Sie bilden dort außerdem kaum Unterhautfett aus, das den Sauen in ihrem nördlichen Verbreitungsgebiet als Isolierschicht gegen die Winterkälte und als wichtiger Energiespeicher dient. In heißen Regionen ist das Schwarzwild auf Wasserquellen angewiesen, Wüsten werden daher nicht besiedelt.

Unterarten des Schwarzwildes

Aufgrund der weiten Verbreitung des Schwarzwildes haben sich zahlreiche Unterarten herausgebildet. Diese werden unter anderem anhand der Größenverhältnisse bestimmter Schädelknochen differenziert. Die nördlichen Unterarten haben außerdem ein zunehmend längeres und dichteres Borstenkleid. Auf Inseln vorkommende Sauen sind generell kleiner als ihre auf dem Festland lebenden Vettern. Die wichtigsten bislang beschriebenen Unterarten (vgl. die Aufzählungen bei Haltenorth & Trense 1956: Das Großwild der Erde; Heck & Raschke 1985: Die Wildsauen) werden nachfolgend genannt.

Als Unterarten werden unterschieden:

- ***Sus scrofa scrofa*** - dies ist die Nominatform ("Mitteleuropäisches Wildschwein"), die in West- und Mitteleuropa bis zu den Pyrenäen und Alpen sowie bis zum Nordwesten der Slowakei und West-Weißrussland verbreitet ist. Sie wurde 1758 von Carl von Linné wissenschaftlich beschrieben. In England ausgerottet, in Skandinavien ausgerottet und wieder eingebürgert, in Irland fehlend und auf Korsika vorkommend.
- ***Sus scrofa castillianus*** - die auf der iberischen Halbinsel ("Iberisches Wildschwein") verbreitete Unterart.
- ***Sus scrofa meridionalis*** - eine auf Korsika und Sardinien beheimatete, kleine Unterart ("Sardisches Wildschwein"). Sie ähnelte anatomisch den Bindenschweinen und gilt mittlerweile als ausgerottet.
- ***Sus scrofa majori*** - die auf der italienischen Halbinsel und Sizilien verbreitete Unterart. Das "Italienische Wildschwein" ist verhältnismäßig klein. Im Norden Italiens ist es mittlerweile vom Mitteleuropäischen Schwarzwild verdrängt worden.
- ***Sus scrofa barbarus*** - die mittlerweile selten gewordene Unterart, das sogenannte "Berberschwein", die ursprünglich in Marokko, Algerien und in Teilen Tunesiens verbreitet war.

•***Sus scrofa sennaarensis*** - eine Unterart ("Nubien-Wildschwein"), die in Ägypten und im Sudan beheimatet war und mittlerweile als ausgerottet gilt.

•***Sus scrofa libycus*** - eine ursprünglich von der Südtürkei bis nach Israel und Westjordanien verbreitete Unterart ("Palästina-Wildschwein"), die offenbar seit etwas mehr als einhundert Jahren ausgerottet ist .

•***Sus scrofa attila*** - die unter anderem in Nordpersien, Nordtürkei, ferner vom Kaukasus und Südostbalkan bis nach Bulgarien und Rumänien verbreitete Unterart, die deutlich größer und schwerer als die mitteleuropäische Unterart wird. ("Südosteuropäisches Wildschwein")

•***Sus scrofa nigripes*** - die mittelasiatische Unterart, die auch als "Turkestanisches Wildschwein" bezeichnet wird; von Tianchan bis Afghanistan (Ost- und Westturkestan) verbreitet.

•***Sus scrofa sibiricus*** - die vom Baikalgebiet über die nördliche und östliche Mongolei bis in die Westmandschurei hinein verbreitete große Unterart.

•***Sus scrofa ussuricus*** - die Unterart aus dem Ussuri-Gebiet ("Mandschurisches Wildschwein"); eine der größten Unterarten.

•***Sus scrofa leucomystax*** - die auf den japanischen Inseln lebende Unterart ("Japanisches Wildschwein"); klein, mit weißer Kehlbehaarung.

•***Sus scrofa moupinensis*** - die nordchinesische Unterart; verbreitet von Szetschuan über Mittelchina bis Jehol; schwärzlich oder rötlich gefärbt und klein.

•***Sus scrofa chirodontus*** - die südchinesische Unterart; in Südchina und auf der Insel Hainan verbreitet.

•***Sus scrofa taivanicus*** - die auf der Insel Taiwan (Formosa) vorkommende Unterart.

•***Sus scrofa vittatus*** - das "Bindenschwein", mit Vorkommen auf Sumatra, Java, Bali, Lombok, Banka, Sumbava (Sunda-Inseln etc.); klein mit einer weiße Binde im Bereich der Wange. Die Bindenschweine Südostasiens sind in zahlreichen lokalen Formen auf Inseln vertreten, wo sie vielfach mit Hausschweinen gekreuzt wurden. Zu diesen unsicheren Unterarten gehört auch das "Papuaschwein" Neuguineas ***(Sus scrofa papuensis)***, das offenbar auch auf zahlreichen Inseln im Norden Australiens verbreitet ist, sowie auf den Admiralitätsinseln, dem Bismarck-Archipel und auf den Salomonen. Weitere tropische "Inselarten", sind das "Flores-Wildschwein" ***(Sus scrofa floresianus)***, das "Timor-Wildschwein" ***(Sus scrofa timoriensis)***, das ***"Nikobaren***-Wildschwein" ***(Sus scrofa nicobaricus)*** und das "Andamanen-Wildschwein" ***(Sus scrofa andamanensis)***.

•***Sus scrofa cristatus*** - die in Indien und Indochina lebende Unterart ("Indisches- oder Kamm-Wildschwein"), die einen verkürzten Gesichtsschädel hat; klein, dünnes Borstenkleid mit auffallendem Rückenkamm.

"Das Schwarzwild", so schrieb Karl Snetlage in den 1930er Jahren, "ist eine der interessantesten und urigsten Wildarten. Trotz jahrhundertelanger Verfehmung und Verfolgung ist es nicht ausgerottet worden." Mittlerweile ist das Schwarzwild in ganz Mitteleuropa auf dem Vormarsch. In der modernen Kulturlandschaft zählt es zu den klaren Gewinnern. Die große Anpassungsfähigkeit des Schwarzwildes zeigt sich auch am Beispiel von Großstädten: In Berlin haben die Sauen die stadtnahen Wälder als Lebensraum erobert und dringen auch in die Vorstädte ein. Gelegentlich führt sie ihr Weg sogar bis in die Innenstadt. So mussten im Mai 2003 zwei Sauen geschossen werden, die auf dem Alexanderplatz auftauchten. Der Schwarzwildbestand rund um Berlin wird mittlerweile auf über 10.000 Tiere geschätzt. Sie richten in Gärten und Parks teilweise erhebliche Schäden an und sie durchstöbern Mülltonnen nach Essensresten. Die intelligenten Tiere registrieren recht schnell, dass ihnen in Wohngebieten keine Bejagung droht und werden dort gelegentlich sogar tagaktiv. In Wolfsburg kam man nach Untersuchungen zu dem erstaunlichen Ergebnis, dass im Stadtbereich sogar mehr Sauen leben, als in den Gebieten ringsum. Während im Wald drei bis sechs Stücke Schwarzwild je Quadratkilometer ermittelt wurden, waren die "Stadtsauen" ungefähr doppelt so häufig.

Auch wenn der Mensch mitunter kräftig beteiligt war, so lesen sich die Fakten zur weltweiten Verbreitung des Schwarzwildes wie eine Erfolgsgeschichte der Natur. Die Sauen zählen ohne Zweifel zu den erstaunlichsten Wildarten dieser Erde. In Yukon-Kanada erzählten mir einmal zwei

Jagdguides, die seit vielen Jahren in der nordamerikanischen Wildnis Jagdgäste führen, dass sie ihren persönlichen Elch- oder Dallschaf-Abschuss sofort gegen einen reifen europäischen Keiler eintauschen würden. Als passionierter Schwarzwildjäger wundert mich das nicht: Wir leben in Mitteleuropa in einem der wildreichsten Gebiete der Erde und zudem in einer für das urige Schwarzwild gebietsweise nahezu optimal gestalteten Kulturlandschaft. Viele Jäger auf dieser Welt beneiden uns darum!

Der dreiläufige Keiler

"Man sieht nur, was man weiß", lautet eine alte Regel. Mit anderen Worten: Was man nicht kennt, wird oftmals übersehen, aber Dinge, mit denen man rechnet, werden gezielter und schneller wahrgenommen. Und das kann bei der mitunter blitzschnell erforderlichen Ansprache eines Stücks auf der Bewegungsjagd manchmal von großem Vorteil sein.

In diesem Zusammenhang sind zwei Jagderlebnisse zu erwähnen, die als Vorgeschichte bei der Erlegung eines ungewöhnlichen Keilers eine nicht ganz unwichtige Rolle gespielt haben: Anfang November nahm ich im Raum Arnsberg an einer Ansitz-Drückjagd auf Rehwild, Fuchs und Sau teil. Am Jagdende lag unter anderem eine Bache auf der Strecke, deren linker Vorderlauf zu einem guten Drittel fehlte. Es handelte sich um eine bereits vernarbte alte Verletzung. "Ein prima Hegeabschuss", freute sich der Schütze und berichtete dann, dass die Bache kaum geschont hatte und insgesamt ausgesprochen flink auf den Läufen war. Nur durch genaues Ansprechen sei ihm die Behinderung der Sau überhaupt aufgefallen.

Im gleichen Zeitraum wurde im Revier eines befreundeten Jägers ein dreiläufiges Stück Schwarzwild bestätigt. Während eines Ansitzes bekam ich dieses Stück zufällig im letzten Licht in Anblick. Es zog mit einer starken Rotte auf eine weitläufige Wiesenfläche. Die Schussentfernung war viel zu groß. Daher nahm ich meine im Jagdrucksack liegende Videokamera zur Hand, drückte auf den Auslöser und zoomte mit dem lichtstarken kleinen Gerät die kranke Sau heran. Das ergab zwar keine brillianten Filmszenen, aber das Wesentliche war zu erkennen: Es handelte sich um einen braunen Frischling, dem nicht nur der linke Hinterlauf, sondern scheinbar auch größere Teile der linken Keule fehlten. Insgesamt machte das Stück einen recht abgekommen Eindruck. Als im dahinschwindenden Licht die Rotte kurze Zeit später wieder Richtung Waldrand abwechselte, konnte man sehen, dass die kleine Wutz trotz des fehlenden Hinterlaufs in der Lage war, mit der Rotte einigermaßen gut mitzuhalten. Bei einer gewissen Geschwindigkeit des "Schweinetrolls" war die starke Behinderung der Sau sogar kaum noch wahrnehmbar. Mehrfach haben wir uns die Aufzeichung verblüfft angeschaut. Sodann wurde in dem besagten Revier auf das dreiläufige Stück selektiv Jagd gemacht. Als es einige Zeit später zur Strecke kam, stellte man fest, dass es sich um eine Frischlingsbache handelte, deren linke Keule fast komplett weggefault war. Offenbar handelte es sich um die Folgen einer Schussverletzung. Was musste dieses bedauernswerte Stück, das außerdem noch inne hatte, für unsägliche Qualen ausgestanden haben. Um so bemerkenswerter erschien uns die Tatsache, dass bei Sauen derart starke Behinderungen auf den ersten Blick manchmal kaum auffallen - vor allem wenn sie zügig in Bewegung sind.

Anfang Dezember folgte ich einer Jagdeinladung ehemaliger Forstkollegen, mit denen ich vor vielen Jahren zusammenarbeitete und bei denen ich einstmals auf den ersten Morgenansitz mitgehen durfte. Bei der geplanten Ansitz-Drückjagd sollte ein Revier in der Kirchheller Heide am Nordrand des Ruhrgebietes bejagd werden. Frühmorgens hatten sich dort etwa 60 Schützen und eine starke Treiberwehr versammelt, inklusive kurzjagender Hunde sowie einiger Deutscher Jagdterrier und Westfalenterrier. Freigegeben wurden: Schwarzwild bis 40 Kilogramm (braune Stücke!), Ricken, Kitze und Fuchs. Darüber hinaus gab der Jagdleiter LFD Jörg Wipf auch einen laufkranken Rothirsch frei, der einer aktuellen Meldung zufolge nach einem Verkehrsunfall ins Revier eingewechselt war. Ferner machte er noch einmal darauf aufmerksam, dass bei Fehlabschüssen zu starker Bachen 500,- Euro pro Stück und bei Keilerabschüssen bis zu 750,- Euro zu entrichten seien. Danach erfolgte die Einteilung der Gruppen. Wir setzten uns in den zugewiesenen "VW-Bulli" und rückten ab.

Während der Fahrt ins Revier verkündete unser Ansteller, mit resoluter und optimistischer Miene: "Der Hirsch fällt heute in unserem Abschnitt, da bin ich mir sicher." Bei der Schützengruppe stieß die recht gewagte Prognose eher auf gemischte Reaktionen, nach dem Motto: "Lieber den Ball etwas flach halten." Kurze Zeit später brachte mich unser Gruppenführer zur "Natokanzel", einem überdachten Stand am Kreuzungspunkt mehrerer Wechsel. Das Umfeld sah vielversprechend aus: Vor mir eine kleine Suhle

Der Dreiläufige

mit Mahlbäumen und ringsum mehrere Laubholzdickungen. Schussfeld war reichlich vorhanden. Der Frühnebel wich langsam der Morgensonne als die Jagd um Punkt 9:00 Uhr begann. Kurze Zeit später war das helle Jiffen einiger Terrier zu vernehmen, die offenbar schon Wild gefunden hatten. Gegen 10:00 Uhr schnürte ein Fuchs heran. Ich schoss - und fehlte Meister Reinecke. Na, das fing ja “gut” an! Ringsum fielen in rascher Folge einige Schüsse. Schwarzwild zeigte sich bei mir jedoch (noch) nicht. Nach etwa einer Stunde wechselte zwischen alten Eichen und dichtem Laubholzaufwuchs von rechts plötzlich ein Stück Rotwild an. Es handelte sich um einen respektablen Schmalspießer mit doppelt lauscherhohen Stangen - aber er bewegte sich etwas ungewöhnlich. Das Stück verhoffte auf etwa achtzig Meter kurz vor dem Austreten aus der Dickung und zog dann auf eine Blöße. Tatsächlich: Dieser junge Rothirsch schonte seinen rechten Vorderlauf. Der Lauf schien versteift zu sein und schlockerte bei der Fortbewegung unnatürlich hin und her. Sofort war die Büchse gespannt und angebackt. Als der Hirsch breit stand und kurz herübersicherte, ließ ich das 11 Gramm schwere .308 Win.-Projektil fliegen. Das Stück quittierte das Empfangen der Kugel, indem es deutlich zeichnete: Der Rotspießer stieg wie ein Zirkuspferd auf die Hinterläufe und “flog” dann in rasender Flucht nach links ab. Dort verstellte eine zweite Laubholzdickung meinen Blick.

Ich kam gar nicht mehr dazu, über das gerade Erlebte weiter nachzudenken, denn aus dem Augenwinkel hatte ich “etwas Schwarzes” wahrgenommen. Plötzlich war links neben meinem Stand ein Stück Schwarzwild aufgetaucht. Es bahnte sich durch den rotbraun verfärbten, halbhohen Adlerfarn seinen Weg und zog langsam in meine Richtung. Dabei bewegte sich die Sau relativ unbeholfen durch den dichten Filz aus abgestorbenen Farnwedeln. Konnte es sein, dass dieses Stück Probleme hatte? Eine angeschweißte, kranke Sau? Mit einem Mal hatte einen Gedanken: “Dreiläufig - ein Hegeabschuss!”. Im Bereich einer Krautlücke meinte ich gesehen zu haben, dass die anwechselnde Sau keinen normal ausgebildeten rechten Vorderlauf besaß, sondern nur ein verkrüppeltes “Anhängsel”. Als das massige Tier misstrauisch geworden in guter Schussdistanz mit aufgestellten Tellern sicherte, standen wir uns wie Duellanten gegenüber. Als Jäger ist man in so einem Fall allerdings etwas besser bewaffnet. Der Schuss brach - und die schwarze Sau schlegelte im Farn.

Von nun an hockte ich bis zum Ende der Jagd auf heißen Kohlen: War diese Sau tatsächlich dreiläufig? Hatte ich mich vielleicht getäuscht, nicht richtig angesprochen? Alles war sehr schnell gegangen und abbaumen durfte ich noch nicht. Kurz vor dem Jagdende kam endlich die Treiberwehr bei mir durch. Plötzlich rief links vorne aus der Dickung einer der Männer: “Waidmannsheil! Hier liegt ein Stück Rotwild.” Daran hatte ich zu diesem Zeitpunkt überhaupt nicht mehr gedacht. “Waidmannsdank!”, rief ich, “Das ist von mir - und da drüben liegt auch noch ein Stück Schwarzwild”. Zwei der Treiber bahnten sich einen Weg durch den abgestorbenen Adlerfarn und hatten die erlegte Sau bald gefunden. Dann drehten sie das Stück um, sodass die rechte Körperseite nach oben kam und riefen zu mir herüber: “Dreiläufiger Keiler. Guter Hegeabschuss!” Da rumpelte es - und ein Felsklotz fiel vom Jägerherzen. Mittlerweile war das vereinbarte Jagdende gekommen. Punkt

12:00 Uhr baumte ich ab und zog zur gestreckten Sau. Tatsächlich handelte es sich um ein dreiläufiges Stück: Wo normalerweise der rechte Vorderlauf ansetzt, baumelte ein Gebilde, das in Form und Größe einer knubbeligen Teewurst ähnlich sah. Der rudimentäre "Minilauf" war dicht mit kurzen schwarzen Borsten besetzt und Schalen fehlten komplett. Eventuell handelte es sich um eine angeborene Missbildung. Nach einer alten Schussverletzung sah das nicht aus. Dann begab ich mich zum erlegten Hirschen. Das Stück hatte einen Kammerschuss: Tiefblatt, Herzdurchschuss. Nun kam auch der Ansteller, um mich abzuholen: "Waidmannsheil! Dolles Ding. Na - hab' ichs nicht gesagt?" Als das Stück genauer in Augenschein genommen wurde, staunten wir nicht schlecht: Es handelte sich wider Erwarten nicht um den angekündigten Unfallhirsch, sondern um einen im Revier völlig unbekannten Rotspießer, dem wahrscheinlich schon vor einigen Wochen der rechte Oberlaufknochen durchschossen worden war. Der Knochen war partiell zertrümmert. Die kreisrunde Schussverletzung eiterte und das Stück war an der rechten Schulter bereits abgekommen. Am Aufbrechplatz konnte die von OFR Gerhard Klesen angeleitete Jungjäger-Riege, die bei dieser Jagd "Praxisluft" schnuppern sollte, die beiden nicht alltäglichen Stücke gut als Anschauungsmaterial nutzen.

Manchmal wundert man sich, wie launisch sich Diana mitunter zeigt. Und manchmal wird man Jagdkönig, wenn man nicht im Entferntesten damit rechnet. Ohne die vorherigen Jagderlebnisse und Beobachtungen wäre die Jagd vielleicht anders ausgegangen. Eventuell hätte ich dann nicht schnell und entschieden genug gehandelt. Im Fackelschein und beim Klang der Jagdhörner lagen nun ein laufkranker Rotspießer und ein dreiläufiger Keiler mit auf der Strecke. Nach dem Austeilen der Erlegerbrüche drückten mir am Streckenplatz auch zwei alte Jäger aus der Region die Hand, wünschten mir Waidmannsheil und dankten für den schönen Jagdausklang: "Zwei solche Hegeabschüsse, das ist wirklich selten. Und das wird Ihnen im Leben wahrscheinlich auch nur einmal passieren." Mit einem verschmitzten Augenzwinkern fügten sie noch hinzu: "Bei soviel Glück sollten Sie ab jetzt vielleicht etwas häufiger Lotto spielen..."

Auf verschneitem Feld

“Das Feld nährt Mensch und Tier, aber es ist doch der Prolet unter den Landschaftsformen”, schrieb Friedrich Freiherr von Gagern in seinem berühmten Jagdbuch “Birschen und Böcke”. Dass der passionierte Waldjäger seine “grünen Kathedralen” über alles liebt und zugleich die offene Feldflur verdammt, sei ihm unbenommen. Aber leider kann ich ihn heute nicht mehr fragen, ob er denn in seinem Jägerleben niemals die Spannung und Faszination einer nächtlichen Sauenpirsch in der Feldflur erlebt hat. Vielleicht hätte er dann nämlich anders geurteilt - da bin ich mir ziemlich sicher.

Szenenwechsel in die Gegenwart: Mitten hinein in ein nächtliches Sauenrevier südlich von Bonn-Bad Godesberg. Hier beherrscht eine viele Hektar umfassende Freifläche mit großen Getreidefeldern, einem Gutshof und Segelflugplatz-Grünflächen das Bild. Die Feldbereiche habe ich wegen des zu befürchtenden Wildschadens anfangs als “Fluch” empfunden. Doch schon nach kurzer Zeit hat sich meine Meinung geändert. Aus jagdlicher Sicht ist die waldumstandene, weitläufige Feldflur ein wahrer Segen. Über große Zeiträume im Jahr hinweg übt sie auf das Wild eine geradezu magische Anziehungskraft aus. Auch in dieser Winternacht ist das so.

Es ist Schnee gefallen und der “weiße Leithund” ermöglicht nun auch bei schlechtem Mondlicht waidgerechtes Jagen. Auf dem Schnee zeichnet sich jeder Wildkörper so klar ab, wie ein schwarzer Scherenschnitt: Dort sitzen zwei Hasen, einige hundert Meter entfernt äsen sechs Stücke Damwild und weiter rechts am Waldrand sehe ich drei Rehe. Unter dem Schnee findet das Wild nahrhafte Wintergerstensaat. Wir haben die Erfahrung gemacht, dass diese energiereiche Grünäsung nachts auch von den Sauen angenommen wird - wohlgemerkt nicht nur bei starkem Frost und beinhart gefrorenem Boden. Die auf die Felder hinausziehenden Rotten haben sich bei uns im zurückliegenden Winter und im Frühjahr weitaus mehr Wintergerste durch Fressen einverleibt, als durch Brechen.

Da beim Abglasen der großen Freifläche heute abend noch keine Schwarzkittel auszumachen sind, entschließe ich mich zunächst für den nächtlichen Ansitz an einer nahe im Wald gelegenen Sauenkirrung. Doch hier tut sich überhaupt nichts. Die Lufttemperatur beträgt minus sieben Grad, es wird windig und dichtes Schneetreiben hat eingesetzt. Kurz nach 1:00 Uhr nachts baume ich ab. Ob inzwischen auf dem verschneiten Feld mehr los ist? Minuten später stehe ich am Feldrand und habe auf dem riesengroßen "weißen Bettlaken" plötzlich 15 bis 20 Sauen im Glas. Es handelt sich um eine gemischte Rotte: Bachen, Überläufer und Frischlinge. Dank des Laser-Entfernungsmessers erübrigt sich weiteres Rätselraten. Er zeigt die Distanz bis zur Rotte genau an: 294 Meter! Der Pirsch- oder Zielstock ermöglicht bei der Handhabung des handlichen Messgerätes die erforderliche ruhige Hand. Auch beim Ableuchten mit dem lichtstarken Nachtglas und beim Auflegen oder Anstreichen mit der Büchse ist er für mich absolut unverzichtbar. Längst ist das Adrenalin ins Blut des Sauenjägers geschossen. Alle Sinne sind aufs Wild konzentriert. Die Spannung steigt mit jedem Meter der nun beginnenden Pirsch.

Der überfrorene Schnee ist laut. Die verharschte Schneeoberfläche "knarrscht" bei jedem Schritt unter den Winterstiefeln. Aber zum Glück dämpfen fallende Schneeflocken diese Geräusche etwas ab. Zudem helfen der Wind und die nicht gerade leisen Schwarzkittel, die Schritte des heranpirschenden Jägers zu übertönen. Je näher ich der Rotte komme, desto deutlicher ist deren "Eigenlärm" zu vernehmen: Geräuschvoll "pflügen" die Sauen mit den Wurfscheiben durch den harschigen Schnee, um an die Wintergerste zu gelangen. Zudem werden lautstark immer wieder kleinere Meinungsverschiedenheiten ausgetragen. Ich pirsche in einer geraden Linie auf die Rotte zu - getreu der alten Jägerregel, dass man beim Angehen von Sauen auf dem freien Feld möglichst nie querlaufen soll. Eine erneute Messung mit dem Leica-Rangemaster ergibt 97 Meter. Hinter der Rotte steigt das Feld Richtung Südwesten an und das bedeutet Kugelfang.

Der Wind steht gut, aber das Schneetreiben ist dichter geworden. Also heißt es, weiter heranzupirschen: auf gemessene 52 Meter. Jetzt nur noch ein paar vorsichtige Schritte, dann liegt der Repetierer in der Gabel meines Zielstocks. Langsam drehe ich das 2,5-10 x 50-Varipoint mit Absehen 56 auf zehnfache Vergrößerung hoch und drücke den Spannschieber der R 93 bis zum Einrasten nach vorne. Links außen steht eine Sau breit, frei und still. Der schwach glühende Leuchtpunkt steht ruhig kurz hinter dem Blatt. Sonderbar leise und gedämpft hallt der Schuss über das weite Feld, gefolgt von einem schmatzenden Kugelschlag - so als würde jemand weit vor mir einen nassen Aufnehmer auf eine Hauswand klatschen. Nirgendwo kann man den Kugelschlag so deutlich hören, wie nachts bei der Jagd auf der Feldflur. Das massige 9,3x62-Geschoss wirkt auf Sauen wie der berühmte "grobe Keil", der auf einen "groben Klotz" gehört. Was natürlich nicht heißen soll, dass andere Sauen-Kaliber schlechter sein müssen, denn die Trefferlage ist bekanntlich weitaus wichtiger für den Jagderfolg, als der Geschossdurchmesser. Im Falle einer Nachsuche sieht die Sache etwas anders aus, denn eine "dicke Pille" produziert in der Regel mehr Schweiß.

Die Rotte geht unmittelbar nach dem Schuss hochflüchtig nach rechts in Richtung des nahen Waldrandes ab. Am Anschuss und in der Fluchtfährte findet sich Lungenschweiß. Die beschossene Wutz kann der "davonfliegenden" Rotte nicht weit folgen. Das verendete Stück liegt am Waldrand-mit einem sauberen Kammerschuss.

In dieser Nacht hat wirklich alles gepasst. Aber das ist längst nicht immer so. Vor allem wenn kein Schnee liegt, wird das Rehwild - das mir sonst sehr am Herzen liegt - bei der nächtlichen Sauenpirsch auf der Feldflur bisweilen zu einem regelrechten "Angstfaktor". Nicht immer hat man beim Angehen der kompakt gebauten Sauen, die sich auch auf der Saat bei passendem Licht noch gut abzeichnen, zugleich das zierliche Rehwild voll im Blick. Wehe, wenn beim Pirschen ein Reh in der Nähe anfängt zu schrecken! Sauen äugen bekanntermaßen schlecht, aber ihre übrigen Sinne sind sehr scharf. Sie nutzen deshalb das gut äugende Rehwild und andere Wildarten bei Nacht als eine Art natürliche "Alarmanlage". Sobald einer der Waldgeister in der Nähe der Schwarzkittel schreckt und abspringt, geben meist auch die Sauen "Vollgas" - und der Jäger hat das Nachsehen.

Als Zielfernrohr vertraue ich einer variablen Hochleistungsoptik, welche die Anforderungen der Nachtjagd gut erfüllt. Bei der nächtlichen Sauenpirsch habe ich außer meiner Büchse nur noch ein lichtstarkes 8x56-Nachtglas, einen Laser-Entfernungsmesser und einen Zielstock dabei. Man tut gut daran, sich beim Pirschen auf das Wesentliche zu beschränken! Wenn Schnee liegt, ist das Tragen eines weißen Schneetarnanzugs, eines Schneetarnmantels oder eines weißen Umhangs sicher nicht von Nachteil. Aber es ist kein Geheimnis, dass es sogar auf einem verschneiten Feld problemlos ohne Schneehemd geht, wenn man sich an die wichtige Grundregel des geradlinigen Angehens hält und wenn der Wind passt. Zudem ist klar, dass man nachts beim gebückten Pirschen eine kompaktere (sauenähnliche) Silhouette abgibt. Ein Anpirschen bis auf Schrotschuss-Entfernung ist oftmals ohne weiteres möglich, solange die Sauen im Gebräch stehen. In Ostdeutschland schoss man bei Nacht früher zahllose Schwarzkittel mit dem Flintenlaufgeschoss auf nahe Distanz. Bei hochstehendem Getreide kommt man am Feldrand im Spätsommer manchmal sogar bis auf wenige Meter an eine Rotte heran. Man wundert sich bei der nächtlichen Sauenpirsch manchmal, wie wenig das Schwarzwild über seine optischen Sensoren wahrnimmt. Ein falsches Geräusch, zum Beispiel wenn die Leitbache gerade sichert, eine verdächtige Witterung reichen dagegen oft schon aus, um Sauen schlagartig zur Flucht zu veranlassen.

Zu den wichtigsten Grundlagen einer waidgerechten, nächtlichen Sauenpirsch gehört für mich ausreichendes Büchsenlicht. Beim "Klumpenschießen" ist nachts schon genug Unheil angerichtet worden, sodass in diesem Punkt gerade vom Saujäger Selbstdisziplin gefordert ist. Ferner ist stets auf Kugelfang zu achten. Die Verwendung eines Pirsch- bzw. Zielstocks oder eines teleskopierbaren Dreibeins ist sehr zu empfehlen, da sie ruhiges Zielen und eine sichere, waidgerechte Schussabgabe im Stehen ermöglichen. Wer gerne kniend-aufgelegt schießt, dem kann die Verwendung eines "Zweibeins" bzw. Doppel-Zielstocks empfohlen werden. Im Handel gibt es sie auch zusammenschiebbar, mit einem Cordura-Querband als Gewehrauflage. Auch ein selbstgemachter kurzer Doppel-Zielstock tut hervorragende Dienste: Man durchbohrt dazu zwei passende Haselnuss-Stöcke

(Durchmesser: ca. 2,5 cm) ungefähr fünfzehn Zentimeter unterhalb der Enden und verbindet sie mit einem (Leder-) Band. Fertig ist eine probate Pirschhilfe für die waidgerechte, sichere Schussabgabe im Sitzen oder im Knien. Frei nach dem Wahlspruch: Kleine Ursache - große Wirkung.

Die nächtliche Sauenpirsch auf der Feldflur und an Grünlandflächen ist eine der spannendsten Jagdmöglichkeiten, die uns die offene Kulturlandschaft bietet. Der Anblick des wehrhaften und urigen Hochwildes teils über hunderte von Metern hinweg, die Überwindung naturgegebener Widrigkeiten, das Anpirschen bis auf eine waidgerechte Schussentfernung und die übergroße Freude an der hart erkämpften Jagdbeute - dies alles sind Momentaufnahmen einer aktiven Jagd, die eben etwas ganz anderes ist, als ein Ansitz an der Sauenkirrung. Zweifellos kann auch eine Ansitzjagd sehr spannend sein. Doch wer die nächtliche Pirsch und das aktive Jagen selbst miterlebt hat (und dann "den Virus" in sich trägt), der sieht die offene Feldflur fortan mit ganz anderen Augen. Und der versteht auch, warum die Pirsch zu Recht als die Krone der Jagd gilt und warum dies in besonderem Maße auch auf die nächtliche Sauenpirsch zutrifft. Das Beste daran: Man kann die nächtliche Sauenpirsch mitunter sogar fast vor der eigenen Haustür miterleben, vorausgesetzt man ist wetterfest und beharrlich genug. Bisweilen ist das schlaue Schwarzwild völlig unberechenbar. Aber genau das macht ja auch den Reiz der Sache aus. Man muss häufig auf seiner Fährte sein, dann steigen die Jagdchancen. Wie sagte einmal ein alter Saujäger: "Die Sauen machen was sie wollen, aber sie kommen meist nicht bis ans Bett"...

Rotte auf verschneitem Pfad

Historisches

Bejagung des Schwarzwildes

Das Schwarzwild gehörte bereits in der mittleren Steinzeit (Mesolithikum) bei uns zum wichtigsten Jagdwild des Menschen. Aufgrund archäologischer Befunde ist man der Überzeugung, dass Sauen in Mitteleuropa teils vierzig bis fünfzig Prozent der Jagdbeute ausmachten. Unsere Vorfahren verwendeten unter anderem Fallgruben, sie jagten mit Holzlanzen, mit Speeren, Speerschleudern sowie mit Pfeil und Bogen. Frischlinge und Überläufer machten dabei offenbar den Hauptteil der Jagdbeute aus. Die Jagd auf einen ausgewachsenen, wehrhaften Bassen stellt seit Urzeiten eine Mutprobe dar, denn Keiler können dem Menschen tödliche Verletzungen beibringen. In einer alten Handschrift ***(Carolus Magnus et Papa Leo)*** aus dem Jahre 799 wird die erfolgreiche Jagd Karls des Großen auf einen starken Keiler auch dementsprechend gewürdigt.

Wie zahllose Gemälde und kunsthandwerkliche Arbeiten zeigen, war die Sauhatz zu Pferde und mit Jagdhunden früher über lange Zeit hinweg eine übliche Jagdweise. Am württembergischen Fürstenhof wurden zu Anfang des 17. Jahrhunderts zum Beispiel neunhundert Jagdhunde gehalten. Die leichten Hunde bezeichnete man als “Saufinder”. Die schweren Hunde, die man auch “Saupacker” nannte, wurden mit breiten Halsbändern oder mit Panzerhemden aus Leder und Metall gegen Verletzungen durch Sauen geschützt. Die Aufgabe der Hunde war es, das Schwarzwild so lange zu hetzen, bis es ermüdete und es dann festzuhalten beziehungsweise solange zu binden, bis es der Jäger mit der Saufeder oder einer anderen kalten Waffe abfing. Bei diesen Jagden wurden regelmäßig Menschen, Pferde und Hunde schwer und teilweise auch tödlich verletzt.

Die Entwicklung der Feuerwaffen machte die Saujagd in der Folgezeit etwas einfacher, aber im Barock war die Sauhatz zu Pferde noch immer ein fester Bestandteil des höfischen Lebens. Außerdem jagte man in sogenannten Hetz- oder Saugärten mit dem Vorderlader. Die erlegten Sauen dienten teilweise zur Versorgung der Landbevölkerung. Im Jahre 1669 verkaufte beispielsweise das Proviant- und Rauchhaus des Jägerhofes Dresden 616 erlegte Stücke an die Bauern. In Preußen waren die Bürger der Städte mitunter gezwungen, die vom königlichen Hof erjagten Sauen dem Adel abzukaufen. Dem gegenüber standen massive landwirtschaftliche Schäden, welche das Schwarzwild in damaliger Zeit auf den Feldern anrichtete. Die Bauern durften ihre Anbauflächen jedoch meist nur mit Knüppeln vor den einfallenden Sauen schützen. Mit dem Verfall des Absolutismus fielen derartige Jagdbeschränkungen weg.

Ab dem letzten Drittel des 18. Jahrhunderts wurden in vielen mitteleuropäischen Ländern Verordnungen erlassen, nach denen das Schwarzwild nur noch in Tiergärten und Wildgattern erlaubt war. Mitte des 19. Jahrhunderts waren die Schwarzwildvorkommen deshalb in zahlreichen mitteleuropäischen Regionen erloschen. Dazu trug auch wesentlich bei, dass in Folge der Revolution von 1848 das Jagdrecht an das Grundeigentum gebunden wurde. Der Jagdinhaber hatte nun den entstehenden Wildschaden zu ersetzen und dies führte zu einer weiteren Dezimierung der noch verbliebenen Schwarzwildbestände. Das preußische Wildschadensgesetz von 1891 verlangte vom Jagdberechtigten vollen Ausgleich des Schwarzwildschadens, wenn ihm Hegeabsichten unterstellt werden konnten. Dies war bereits der Fall, wenn der Jagdberechtigte führende (!) Bachen schonte. In manchen Regionen setzten die Bauern sogar Tellereisen ein, die zum Beispiel auf Kartoffeläckern ausgelegt wurden. In die Falle geratene Sauen wurden mit der Forke abgestochen und als willkommenes "Zubrot" der kleinbäuerlichen Küche zugeführt.

Insgesamt nahmen die Schwarzwildbestände rapide ab. In den 1940er Jahren gab es hierzulande in vielen Regionen kein Schwarzwild mehr. In den ersten Nachkriegsjahren kam die Jagd auf Grund von Einschränkungen in Deutschland großflächig zum Erliegen. Damals haben sich die noch verbliebenen Schwarzwildbestände wieder etwas erholen können. Ab der Zeit der “Wirtschaftswunderjahre” nahmen die Sauen dann vor allem durch Veränderungen in der Agrarlandschaft (u.a. starke Zunahme des Maisanbaus) und infolge vieler Jahre mit großräumiger Waldvollmast wieder stark zu. Mittlerweile kann man in Mitteleuropa in jagdlicher Hinsicht von einem regelrechten “Schwarzwild-Boom” spechen.

Domestizierung des Schwarzwildes

Archäologische Befunde lassen auf eine Domestizierung des Schwarzwildes etwa ab der ersten Hälfte des 8. Jahrtausends vor Christus schließen. Innerhalb seines großen Verbreitungsgebietes ist es wahrscheinlich mehrfach unabhängig voneinander dazu gekommen. Dieser Prozess ist ähnlich wie bei Schafen und Ziegen zunächst mit einer Abnahme der Körpergröße einhergegangen. Archäologische Funde von Schweineknochen, die deutlich unterhalb der Variationsbreite von Wildschweinknochen liegen, werden deshalb als Beleg für eine Domestizierung betrachtet. Die ältesten gesicherten Belege für eine Domestikation hat man im Südosten der Türkei gefunden. In frühneolithischen Siedlungen aus der ersten Hälfte des 8. Jahrtausends v. Chr. haben Ausgrabungen Schweineknochen an den Tag gebracht, die sich in ihren Größenverhältnissen deutlich von denen des Schwarzwildes unterscheiden. Im Irak und für Europa datieren sichere Belege auf 7000 v. Chr. Unabhängig davon fand die Domestikation des Schwarzwildes in China statt, wo die ältesten Funde auf das 6. Jahrtausend v. Chr. hinweisen. In Thailand konnte man entsprechende archäologische Funde auf das 4. Jahrtausend v. Chr. datieren.

Die Haustierwerdung führte in Mitteleuropa zu Schweinen, die im Mittelalter oft nur eine Widerristhöhe von siebzig Zentimeter hatten. In ihrem Erscheinungsbild (langgestreckter Kopf, schlanke Körperform, teils dichte Behaarung, am Rücken ein aufrecht stehender Borstenkamm) glichen sie dem Schwarzwild. Bis ins 18. Jahrhundert hinein wich das Leben der europäischen Hausschweine nicht grundlegend von dem der Wildschweine ab. Durch die Haltungsbedingungen waren sie gegen klimatische Unbilden meist nicht abgeschirmt. Ihr Futter mussten sie häufig in den Wäldern selber suchen und bekamen nur Abfälle zugefüttert. Keiler dürften zudem so manche (halb-)zahme Sau beschlagen haben. Die Folge war, dass sich die Hausschweine lange Zeit auch im Typ nur wenig von den frei lebenden Sauen unterschieden. Die erste moderne Schweinerasse entstand um 1770 in England. Unsere heutigen Hausschweine, wie etwa das Deutsche Edelschwein, sind ebenfalls verhältnismäßig moderne Züchtungen. Sie entstanden erst, nachdem die Praxis des Eintreibens in die Wälder eingestellt worden war.

Abrichtung und Dressur des Schwarzwildes

Im Perigord (Frankreich) wird zur Trüffelsuche unter anderem speziell trainiertes, zahmes Schwarzwild eingesetzt. In Deutschland gelangte in den achtziger Jahren eine im Hildesheimer Raum abgerichtete Sau zu überregionaler Bedeutung: Das “Polizeischwein Luise” war zum Beispiel in der Lage, verborgene Sprengstoffe und vergrabene Rauschgiftproben zum Teil besser und schneller zu finden, als Spürhunde.

Das Dorfleben der schweizer Gemeinde Otelfingen wird durch einen Jugendzirkus bereichert. Im “Zirkus Otelli” machen Jugendliche und sogar eine dressierte Bache namens “Tinga” mit, die man als Waisenkind übernahm, nachdem das Muttertier bei einem Autounfall umgekommen war. Als Reaktion auf einen Artikel über die Dressur in einer internationalen Zirkus-Zeitung erhielten die Schweizer unter anderem eine Zuschrift aus Ostdeutschland, die ihnen glaubhaft versicherte, dass der DDR-Staatszirkus einige Jahre vor der Wiedervereinigung ebenfalls eine Wildschwein-Dressur zeigte. Der Star der acht Tiere war “Monique”, die sogar auf den Hinterläufen gehen konnte.

Schwarzwild als Wappentier sowie in den Namen von Orten, Burgen und Klöstern

Gelegentlich taucht das Schwarzwild auch als Wappentier auf. So zum Beispiel in den Wappen der Orte Kirchheimbolanden bzw. "Kerchem" am Donnersberg (Nordpfalz), Eberswalde (Mark Brandenburg), Eberbach am Neckar (Baden-Württemberg) oder im Wappen von Wolfsburg-Vorsfelde (Niedersachsen). Das Vorsfelder Gemeinde-Wappen, das einen springenden schwarzen Keiler zeigt, entstand wahrscheinlich aus dem alten Vorsfelder Ortssiegel, das seit 1483 nachweisbar ist. Die Übernahme als Wappentier beruhte hier vermutlich auf der Häufigkeit des Schwarzwildes in den Drömlingswäldern. Seit 1952 steht außerdem ein ausgestopfter Keiler, welcher in Ortsnähe geschossen wurde, im Vorsfelder Rathaus, heute Verwaltungsstelle der Stadt Wolfsburg. Auch die bereits erwähnte schweizer Gemeinde Otelfingen (zwischen Baden und Regensdorf bei Zürich), welche unter anderem durch die Zirkus-Sau bekannt wurde, besitzt einen Keiler als altes Wappentier und heutiges Gemeinde-Logo (Abbildung eines Keilerkopfes). Die Bedeutung des Schwarzwildes im Volksleben wird ferner in zahlreichen weiteren Orts- und Burgennamen wie Eberau, Ebersbach, Ebersberg, Ebersdorf, Ebertsried, Eberstadt, Burg Ebernburg (Rheinland-Pfalz) und in den Namen bzw. Wappen von Klöstern deutlich, wie beim Kloster Eberbach im Rheingau (Hessen). Übrigens waren die Künstler des Mittelalters offensichtlich meist keine Jäger, denn auf alten Wappen und Ortssiegeln haben die dargestellten "wilden Sauen" anstelle des Pürzels nicht selten einen Ringelschwanz.

Links: *Der Keiler von Wolfsburg-Vorsfelde - ab 1483 im alten Ortssiegel nachgewiesen*
Seite 47: *Keltische Bronzefigur ("Eber von Rainberg"), 1. Jahrhundert v. Chr.*

Schwarzwild in der Literatur

Die Jagd auf das wehrhafte Schwarzwild ist immer wieder Thema in der Literatur gewesen. Das reicht von den Taten des Herakles, der den "Erymanthischen Eber" einzufangen hatte und die griechische Überlieferung der "Wildschweinjagd der Atalante und des Meleager", über die isländische Edda aus dem 9. bis 12. Jahrhundert bis hin zu Darstellungen in der Comic-Serie Asterix. Schon in den Erzählungen des Homer wird berichtet, wie Artemis, die griechische Göttin der Jagd, aus Rache ein "Wildschwein" auf die Erde schickt, das Felder und Weingärten verwüstet. Der Keiler wurde seit jeher als Sinnbild für Mut und Stärke verehrt. In der keltischen Mythologie ist er allgegenwärtig. Der Keiler galt bei den Kelten als Gott des Waldes und war wegen seiner Kraft und Unerschrockenheit auch ein Symboltier der keltischen Krieger und Druiden. In der nordischen Mythologie ist der "Eber Hildeswin" das Reittier der Göttin Freya. Ihr Bruder Frey besitzt den "Eber Gullinbursti", der goldene Borsten hat, die im Dunkeln leuchten und der Tag und Nacht zu Lande und in der Luft laufen kann. In der Edda wird zudem jeden Tag auf den "Eber Saehrimnir" Jagd gemacht, der am nächsten Morgen aufersteht, um erneut gejagt zu werden. Er wird jeden Tag im Kessel Eldrhrimnir zubereitet und in Walhall den ruhmreichen germanischen Helden und Odins Wölfen Geri (dem Gierigen) und Freki (dem Heißhungrigen) zur Speise gereicht. Auch in Märchen taucht der heldenhafte Kampf gegen Sauen auf. Im Märchen vom Tapferen Schneiderlein, das die Gebrüder Grimm überliefert haben, fängt durch einen schlauen Trick das schmächtige Schneiderlein den "wilden Eber", vor dem sich sogar die Jäger fürchten. In der Comic-Serie Asterix, deren Handlung im Gallien der Römerzeit um das Jahr 50 v. Chr. unter Julius Caesar spielt, gelten "Wildschweine" als Leibspeise fast aller Bewohner des gallischen Dorfes, welches den Römern erbittert Widerstand leistet. Jedes Heft der Comic-Serie endet damit, dass das Dorf sich beim gemeinsamen "Wildschweinessen" versöhnt und feiert.

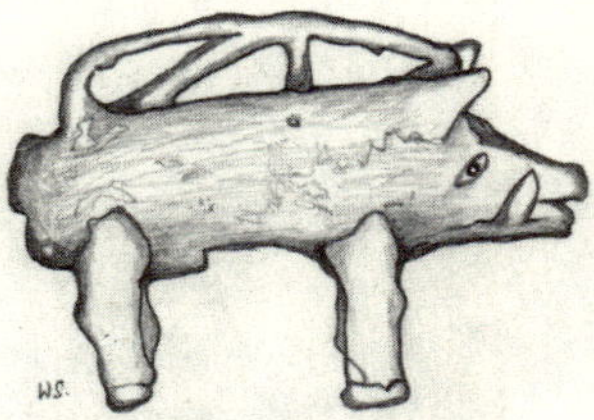

Geordneter Rückzug

Es liegt schon eine Weile zurück, aber ich habe die Szene noch so klar vor Augen, als wäre es gestern gewesen: Wir saßen Ende September in der Üfter Mark zu zweit auf einen Rothirsch an, dessen Abschuss mir zugeteilt worden war. Etwa gegen 17:00 Uhr kam uns vom nahegelegenen Brunftplatz her hochflüchtig ein größeres Rotwildrudel entgegen. Ein Stück vor der Kanzel drehte das Wild plötzlich nach links ab: Hirsche, Beihirsche, Alttiere, Schmaltiere und Kälber - alles flüchtete in wilder Panik. Mein Jagdführer nahm das Glas herunter, durch das er gerade die Lage sondiert hatte, und sagte nur: “Da kommt einer!”. Tatsächlich schnürte kurze Zeit später ein Männlein im blauen Trainigsanzug und bewaffnet mit einer großen Plastiktüte durch den Bestand spitz auf uns zu und stolperte bis vor die Ansitzeinrichtung. Dort wurde er vom Jagdführer barsch zur Rede gestellt, was er hier überhaupt mache, dass hier Wegegebot herrsche und so weiter. Darauf wurde der “Waldläufer” zuerst frech, dann aggressiv und zog nach einem kurzen heftigen Wortwechsel endlich ab. “Unglaublich, was sich pilzesuchende Kaffern, die wohl sonst nichts zu tun haben, bisweilen so alles herausnehmen”, lautete der Kommentar des wütenden Waidgenossen. Zumindest herrschte dann wieder Ruhe - zumal das Rotwild in diesem Revierteil für heute wahrscheinlich nachhaltig vergrämt war.

Nicht weit von der Kanzel entfernt befand sich auch eine häufig belaufene Sauenkirrung. Wie lautet der alte Jägerspruch: “Wenn auf der Sauenkirrung zuviel Gras wächst, dann taugt das Revier nicht viel.” Hier wuchs jedenfalls im engeren Umfeld der Kirrung kein Gras mehr. Mit einem Mal sagte der Jagdführer: “Da vorne wechselt Wild an!” Es handelte sich um eine Schwarzwildrotte. Angeführt von einer mittelstarken Leitbache näherten sich uns auf einer breiten, grasbewachsenen Waldschneise in hurtigem “Schweinetroll” einige Überläufer und eine ganze “Schwadron” starker, brauner Frischlinge. Das Licht war noch bestens, schließlich war es gerade erst 19:15 Uhr. Die Rotte zog zunächst in breiter, keilförmiger Formation schräg von rechts vorne direkt auf uns zu. Etwa 80 Meter vor der Sauenkirrung, die mit einigen breiten Steinplatten abgedeckt worden war, “parkte” die Leitbache ihre Rotte nun kurzerhand in einer randlich der Grünschneise befindlichen kleinen Dickung. Wie sie das in dem Gebüsch genau bewerkstelligte, war akustisch und optisch auf die Entfernung hin leider nicht zu enträtseln. Auf jeden Fall hielten die Überläufer und Frischlinge in ihrem Versteck schön brav still, während die Leitbache jetzt alleine und äußerst vorsichtig wieder auf der Schneise erschien und dann über das Gras langsam in Richtung der Sauenkirrung zog. Mit einem Mal blieb das Stück wie angewurzelt stehen: Genau hier schnitt nämlich ihre eigene Fährte die Spur des vor rund zwei Stunden durchgewechselten “Waldläufers”.

Es schien, als wäre die Leitbache in diesem Moment von einem immaginären Blitz getroffen worden: Ein Ruck ging durch das Tier und es erstarrte zur “Salzsäule”. Ein unmutiger kurzer Grunzer war zu vernehmen. Und nun erlebten wir ein Schauspiel, das sich wahrscheinlich schon vielerorts zu nächtlicher Stunde so oder ähnlich zugetragen haben mag, wenn anwechselndes Schwarzwild auf eine ihm unliebsame, menschliche Witterung trifft.

Die Leitbache benahm sich wie ein misstrauischer Wolf: Sie nahm zuerst mit “hoher Nase” (hoch erhobenem Wurf) ausgiebig Wind und trippelte dann ein paar Schritte vor. Jetzt sog sie, genau an der Spur des Menschen stehend, mit “tiefer Nase” (abgesenktem Wurf) gleich mehrfach die verhasste Witterung ein und trippelte dann wieder ein paar Schritte zurück. Das Ganze wiederholte sich nun in kurzer Folge mindestens drei- bis viermal! Die noch immer im Gelände stehende Witterung des Menschen bildete für das vorsichtige Leittier der Schwarzwildrotte eine unsichtbare Barriere, die nicht übertreten wurde. Man konnte den großen Argwohn, aber auch die innere Zerrissenheit der misstrauisch gewordenen Sau fast mit Händen greifen. Sollte sie es wagen, ihren Anhang auf dieses gefährlich erscheinende Terrain zu führen? Sie tat es nicht! Das “Ende vom Lied” bestand darin, dass die Leitbache einen allerletzten Vorstoß unternahm und nochmals zur bereits in Sichtweite befindlichen Kirrung hinübersicherte. Dann ertönte ein letzter, kurzer Grunzer. Damit drehte sich die Sau abrupt auf den Hinterläufen um und zog im zügigen Troll zu dem in seinem Versteck noch immer ausharrenden Familienverband. Wenig später erschien die gesamte Rotte wieder rechts am Rand der Dickung auf der grasbewachsenen Schneise und trippelte beschleunigten Schrittes wieder in die Richtung davon, aus der sie gekommen war.

Wir fragten uns an diesem Abend, wie viele Jäger so eine Szene zu nächtlicher Stunde wohl schon verpasst haben mögen, während sie nichtsahnend und letztendlich leider vergeblich auf ihrer Kanzel saßen und auf die Sauenkirrung schauten. Die Pirschpfade sind von den Ansitzeinrichtungen aus meist nur zu einem Teil einsehbar. Und genau hier - in einiger Entfernung oder auch direkt im Rücken des Menschen - wird wohl schon so manche Sau beim Anwechseln plötzlich misstrauisch geworden sein und zum geordneten Rückzug geblasen haben.

Auf Stöberjagd

Immer mehr Forstämter und Jagdpächter gehen dazu über, Stöberjagden mit spurlaut jagenden Hunden durchzuführen. Dabei kommen vor allem Deutsche Wachtelhunde (DW), Bracken und Terrier zum Einsatz. In geeigneten Revieren können diese vierläufigen Jagdgehilfen teils effektiver als konventionelle Treiberwehren Sauen und anderes Schalenwild auf die Läufe bringen. Rund 70 Schützen und etwa 30 Hundeführer, vornehmlich mit Wachtelhunden, Kopov-Bracken und Terriern, sind bei der heutigen Stöberjagd im Einsatz. Wir sind in Brandenburg, südlich von Berlin. Im Rahmen eines terminlich abgestimmten Jagdkonzeptes haben sich hier Bundes- und Landesforst zu einer revierübergreifenden Jagd zusammengeschlossen. Zusammen werden an diesem Novembertag rund 1500 Hektar bejagt.

Nach der Begrüßung durch den Jagdleiter, der Sicherheitsbelehrung, der Freigabe und dem Einteilen der Gruppen geht es hinaus zu den Ständen. Die Jagd beginnt um 9.30 Uhr. Das Schnallen der Hunde erfolgt um Punkt 10.00 Uhr. Vor mir im Kiefernholz wird Merlin (“Strolch Rheinländer”) kurz darauf spurlaut. Mein Wachtelhundrüde ist meist alleine unterwegs und diesmal recht schnell auf eine warme Fährte gestoßen. Rudolf Friess führt dazu in seinem berühmten Jagdbuch “Hatz-Watz“ folgendes aus: “Der DW ist ein ausgesprochener Solojager, jagt nur für einen einzigen Meutegenossen, wenn der es verdient! Er jagt also nicht ‚im Pack‘ mit der Meute und schon gar nicht hinter einem anderen Hund. Ja er will beim Jagen nicht mal andere Hunde um sich oder auch nur hinter sich haben. Genau wie der gute menschliche Einzeljäger, der “Eingänger” jede Gesellschaft beim Waidwerken selbst als störend hasst.“

Die Jagd wandert in einem weiten Bogen nach links, dann kommt sie von dort wieder näher. Der Spurlaut nimmt nun rasch an Lautstärke und Intensität zu. Die Spannung steigt! Anfangs ist im dichten Kiefernholz noch kaum etwas auszumachen. Urplötzlich kommt schemenhaft ein anwechselndes Stück Damwild in Anblick. Dann geben die Kiefernstämme den Blick auf das Wild frei: Etwa 40 Meter entfernt trollt ein überaus starker Damschaufler hoch erhobenen Hauptes zügig durch den Bestand. Der Geweihte federt über den Bodenfilz aus Gräsern und niederliegendem Adlerfarn. Rasch ist die Büchse angebackt und gespannt. Der rote Leuchtpunkt des Absehens hat auf der breit präsentierten Kammer des Hirschen Ziel gefasst. Mit Pulverrauch und Donnerhall verlässt das 9,3x62-TMR-Projektil den Lauf der Büchse. Ohne erkennbar zu zeichnen, bewegt sich der schussharte Recke im zügigen Troll weiter. Ging die Kugel fehl? Dann endlich, nach rund 90 Metern, verhofft der Schaufler, wankt - und bricht zusammen. Sofort ist der Hund am schlegelnden Hirschen. Aber nur kurz tut er sich hechelnd neben dem gestreckten Stück nieder, dann ist er schon wieder auf den Läufen.

Einige Zeit später vernehme ich nochmals herannahendes Hundegeläut. Diesmal prasselt eine gemischte Rotte vor dem spurlauten Wachtelrüden durch das nahe Unterholz: Eine Bache, zwei Überläufer und einige braune Wutzen. Als die Rotte an einer verlichteten Stelle kurz verhofft, gilt es, diesen günstigen Moment zu nutzen. Der Geradezugrepetierer ist bereits gespannt und im Anschlag. Der hellrote Punkt steht auf der Kammer eines freistehenden Frischlings. Kurz nach dem Schuss ist der Hund an der schlegelnden Sau. Mitunter ist es möglich, mehrere Sauen aus einer flüchtigen Rotte zu erlegen. Doch diesmal ist zuviel Strauchwerk im Weg. Einige Zeit nach dem vereinbarten Jagdende erscheint der Ansteller am Treffpunkt und wir gehen gemeinsam zu den inzwischen aufgebrochenen Stücken. „Waidmannsheil zu Hirsch und Sau - Mensch Wolfgang, das ist ja ein Ding!" Der Forstmann drückt mir kräftig die Hand. Den Schaufler schätzt er auf „knapp über vier Kilogramm" Geweihgewicht, was dem Frischgewicht der Trophäe (4,2 kg) sehr nahe kommt. Beim Auspunkten erreicht der Goldmedaillenschaufler später 189,50 CIC-Punkte. Keineswegs eine alltägliche Stöberjagdbeute und obendrein kein Fehlabschuss, denn wegen der Abschussplanerfüllung waren bei dieser Jagd Damschaufler der Altersklasse 3 (3- bis 7-jährig) sowie reife Schaufler der Altersklasse 4 (8-jährig und älter) freigegeben.

Deutscher Wachtelhund - Portrait "Merlin"

Die Strecke am Ende des Jagdtages konnte sich dank der hochpassioniert arbeitenden Hunde sehen lassen. Aber dieser Tag brachte auch schlimme Nachrichten: Einer der Jagdhunde war durch einen grob fahrlässig handelnden Schützen zu Tode gekommen. Eine Wachtelhündin war wohl mit einer Sau verwechselt und dann beschossen worden: Lendenwirbeldurchschuss! Wenig später war die vierläufige Jagdgehilfin tot. Ein entsetzliches Erlebnis für alle Beteiligten. Seit diesem Tag lasse ich den eigenen Hund nie mehr ohne eine signalfarbene Warnweste oder Hundeschutzweste laufen! Dennoch bleibt stets ein nicht zu unterschätzendes Restrisiko: Wenn man den Hund schnallt, weiß man leider niemals, ob man ihn auch gesund wiedersieht.

Zusammenhängende oder zusammengeschlossene, dickungsreiche Reviere ohne Zerschneidungen durch stärker befahrene Verkehrstrassen eignen sich bestens für den Einsatz spurlaut jagender Hunde. Stöberhunde wie der Deutsche Wachtelhund und Spaniels, aber auch Brackenrassen wie zum Beispiel Deutsche Bracke (Olper Bracke), Westfälische Dachsbracke, Kopov (Schwarzwildbracke) oder spurlaute Terrier können in ausgedehnten oder dornigen Dickungskomplexen und anderem schwierigen Gelände (Steilhänge, aufgelassene Weinberge, ausgedehnte Schilfröhrichte, Maisschläge usw.) oftmals weitaus effektiver arbeiten und das Schalenwild nachhaltiger auf die Läufe bringen, als konventionelle Treiberwehren. Dies spricht aber keineswegs gegen einen kombinierten Einsatz: Durchgehende Hundeführer und Treiber können zusammen mit kurz jagenden Hunden zum Beispiel in der Nähe von Verkehrswegen und Siedlungsbereichen eingesetzt werden und bilden dort eine wichtige Ergänzung der Stöberhundaktivitäten. Die Hauptjagdzeit liegt in den Monaten Oktober bis Dezember und sollte pro Fläche in der Regel nur ein- bis zweimal pro Jahr erfolgen, um das Wild nicht zu stark zu beunruhigen.

Auf Grund hoher Vermehrungsraten hat die Bejagung des Schwarzwildes vielerorts einen besonders hohen Stellenwert bekommen. Stöberhunde sind in der Lage, dabei hervorragende Dienste zu leisten. Bekanntermaßen gelingt es Sauen bei der Bewegungsjagd immer wieder, in einem „Dornenverhau“ oder in dichten Nadelholzdickungen auszuharren und die Treiber einfach an sich vorbei ziehen zu lassen. Die Zweibeiner machen Lärm und werfen sogar Knallkörper, doch die Schwarzkittel lassen sich nicht herausdrücken. In Punkto Nervenstärke, Dickfälligkeit und “Cleverness“ haben die Sauen mitunter viel zu bieten. Die Geschichte geht in der Regel aber ganz anders aus, wenn gut eingejagte, sauenscharfe Stöberhunde im Einsatz sind. Ihren Nasen und ihrem Finderwillen entgeht so leicht kein Schwarzkittel, der in einer Dickung steckt. Wenn die jagenden Hunde kommen, dann begeben sich die Sauen meistens zügig auf die Läufe - und dass macht sich dann spätestens beim Streckelegen positiv bemerkbar. Auch das Stellen von angeschweißten, kranken Stücken bewerkstelligen gut eingejagte Stöberhunde verlässlich. In solchen Fällen ist beherztes Eingreifen erforderlich. Der Hundeführer darf hierzu unter Beachtung der Sicherheit (signalfarbene Jacke, ständig laut rufend etc.) während der Jagd seinen Stand verlassen. Dies ist nötig, um den Hunden, die eine Sau gestellt oder gepackt haben, möglichst rasch zu

Hilfe zu kommen. Kranke Sauen werden in dieser Situation meist mit der blanken Waffe abfangen, da ein Fangschuss die nahe am Wild befindlichen Jagdhunde viel zu stark gefährden würde.

Trotz reichlich vorhandener Jagdliteratur trifft man immer wieder auf das Vorurteil, dass spurlaut jagende Hunde ein Revier „völlig verrückt“ machen würden. Aber genau das Gegenteil ist der Fall (!): Das Wild ist seit Urzeiten weitaus Schlimmeres gewohnt, nämlich stumm jagende Räuber wie Wolf und Luchs. Ein stumm jagender Hund hat den gleichen Effekt, denn er taucht meist urplötzlich auf und versetzt das Wild in blanke Panik. Nicht so der verlässlich spurtlaut jagende Hund, der sich auf der warmen Fährte mit seinem Geläut stets geräuschvoll annähert. Das Wild kann diesen Feind schon von weitem zielgenau orten und versucht dann, sich auf einem vertrauten Wechsel rechtzeitig davon zu machen. Bisweilen ist zu beobachten, wie geschickt sich dabei beispielsweise das Rehwild verhält. Es schlägt Haken und legt Widergänge an. Erfahrene Rehe ziehen mitunter im Kreis, machen dann einen großen Satz zur Seite ins Gebüsch, verhoffen dort und peilenerst einmal die Lage. Der Hund läuft dann in der Nähe des Wildes zunächst suchend im Kreis herum. Mehrfach ist dies bei Ansitz-Stöberjagden von hohen Drückjagdständen aus beobachtet worden. Das Wild weicht einem laut stöbernden Hund häufig nicht hochflüchtig aus, sondern in vielen Fällen im fördernden Troll, dazwischen immer wieder verhoffend und zum Hund hinübersichernd - was für einen waidgerechten Schuss von Bedeutung ist. Andererseits kann es natürlich auch passieren, dass eine Rotte förmlich aus der Dickung “herausexplodiert“, wenn die Hunde hineinstoßen. In solchen Fällen haben dann weiter entfernt postierte Schützen eine Chance, denn einen solchen Sprint halten auch die flinken Schwarzkittel nicht lange durch.

Das Führen sowie die Ausbildung eines oder mehrerer Stöberhunde, Bracken oder Terrier erfordert neben ausreichendem Können und “Hundeverstand“ auch einen nicht zu unterschätzenden finanziellen und zeitlichen Aufwand. Als gewissen Ausgleich dafür zahlen Hundeführer, die beim Bundes- und Landesforst oder bei vergleichbaren privaten Jagden im Einsatz sind, in der Regel auch keine Standgebühren. Die Stände der Hundeführer befinden sich mitunter nahe an den wildreichen Dickungen. Generell empfiehlt sich daher ein rechtzeitiges und ausreichendes Schießtraining (auf laufenden Keiler oder im Schießkino), um die speziellen jagdlichen Anforderungen bei der Bewegungsjagd erfüllen zu können. Immer mehr Forstämter, ebenso wie die Leiter der Stöberhundgruppen erwarten daher die Vorlage entsprechender Übungsnachweise. Dies ist sowohl im Interesse der Waidgerechtigkeit als auch im Hinblick auf die Wildbretvermarktung zu begrüßen.

Das Jagen mit spurlauten Hunden bietet unvergessliche Erlebnisse. Die unbändige Jagdfreude der hoch passionierten vierläufigen Jagdgehilfen, das Hundegeläut und der "Donnerhall" im herbstlichen oder verschneiten Forst, der feierliche Ausklang mit dem Verblasen der Strecke und das gemütliche abendliche Beisammensein - das alles sind atmosphärische Bilder, die für mich zu einem unverzichtbaren Bestandteil der "Faszination Jagd" geworden sind.

Vorsicht walten lassen

Grundsätzlich ist auf der Bewegungsjagd rasches und sicheres Ansprechen erforderlich. Bei anwechselnden Rudeln, Familienverbänden oder Rotten ist man stets auf der sicheren Seite, wenn bei der Erlegung bezüglich der Altersklassen immer zuerst „von hinten" begonnen wird: Frischling vor Überläufer vor stärkerer Sau. Beim übrigen Schalenwild müssen ebenfalls immer zuerst die jungen Stücke (Kalb, Schmaltier, Schmalspießer) erlegt werden. Wird ein Alttier geschossen, ohne das zugehörige Kalb zuvor erlegt zu haben, so kann dies für den Hundeführer mitunter ein Jahr „Sperre" in seiner Stöberhundgruppe bedeuten.

Vorsicht ist generell bei einzeln anwechselnden Stücken angesagt. Bei den Sauen verschätzt man sich sehr schnell, was die Gewichts- bzw. Altersklasse angeht. Auch bei anderen Wildarten kommt es mitunter zu vermeidbaren

Fehlabschüssen, wenn einzeln in Anblick kommende Stücke erlegt werden. Im Zweifelsfall also immer den Zeigefinger gerade lassen! Gleiches gilt bei Weitschüssen oder Schüssen auf flüchtiges Wild. Auch im Hinblick auf die an der Jagd beteiligten Hunde sollte man stets allergrößte Vorsicht walten lassen!

Checkliste für den Stöberjagd-/Drückjagd-Rucksack

- gültiger Jagdschein, Papiere, Geld
- Mobiltelefon (Handy) mit voll aufgeladenem Akku
- Pirschglas, z. B. ein 10 x 42
- ausreichend Munition (nichts ist ärgerlicher, als bei laufender Jagd das Pulver verschossen zu haben)
- Jagdmesser (Klingenlänge ab 11 - 14 cm empfehlenswert)
- Bergehilfe, Aufbruchsäge und Küchenrolle
- Erste-Hilfe-Ausrüstung, Stirnlampe oder Taschenlampe, Ersatzbatterien
- warme Kopfbedeckung, Handschuhe, ggf. Wärmepads oder Taschenofen
- Sitzunterlage/Sitzkissen aus Filz etc.
- Regenjacke und Regenhose (wasserdichtes Material)
- Plastiksack (u.a. als Regenschutz für den Rucksack)
- kleines Handtuch (wichtig bei Regen zum Abtrocknen der Optik etc.)
- zweite Hundeleine oder ein Strick (zum Anleinen und Mitnehmen von freilaufenden Hunden bei Jagdende)
- Wasserflasche, Hundetrinknapf, Brotzeit

"Sauen-Explosion" und Schweinepest

Aufgrund der aktuellen Entwicklung der Schweinepest bei freilebendem Schwarzwild wurde die Schonzeit für Sauen aus Gründen der Wildseuchenbekämpfung in Rheinland-Pfalz ab dem 1. Mai 2002 bis auf weiteres aufgehoben. Nur führende Bachen (mit abhängigen, gestreiften Frischlingen) sind zu schonen. Für jedes erlegte Stück Schwarzwild mit einem Gewicht von aufgebrochen unter zehn Kilogramm zahlt das Umweltministerium Rheinland-Pfalz eine Abschussprämie von 50,- Euro.

JÄGER

Meldung im Jahre 2002: Für jedes erlegte Stück Schwarzwild im Bereich zwischen dem Nord-Ostsee-Kanal und der dänischen Grenze gibt es demnächst 250,- Euro Abschussprämie. Und die will der dänische Schweinezüchterverband zahlen. Denn seit erstmals die Schwarzkittel in den Bereich zwischen Kieler Förde und Eckernförder Bucht eingewandert und bis auf 50 Kilometer auf die Grenze zugerückt sind, geht im Land der Dänen die Furcht vor der Schweinepest um. Denn dort leben mehr als zwölf Millionen Hausschweine in friedlicher Koexistenz mit 5,5 Millionen Menschen. Anfang des 19. Jahrhunderts waren die Sauen in Dänemark ausgerottet worden. Nun fürchtet man die "Invasion aus dem Süden", wie ein Radiosender es formulierte. Der Landesjagdverband Schleswig-Holstein indes findet die Reaktion übertrieben: In Schleswig-Holstein seien seit Jahrzehnten keine Schweinepestfälle mehr aufgetreten.

JÄGER

Eine private Initiative hat sich unabhängig von den Landesjagdverbänden mit einer Resolution gegen den "zur Zeit geführten Krieg gegen das Schwarzwild" ausgesprochen. Die Jägerschaft sei nicht bereit, "Jagdmethoden von Wildererbanden" zu übernehmen; Nachtjagd mit künstlichen Lichtquellen, fehlende Schonzeit, Abschuss von nicht verwertbarem Jungwild, sind dabei genannte Stichworte. Stattdessen müssten die Länder die Bildung von Hegegemeinschaften vorantreiben.

JÄGER

Das Impfen der Sauen kostete bislang allein in der Eifel etwa 1,5 Millionen Euro (Stand: Ende 2002). Nun macht das Beschaffen des Impfstoffs Schwierigkeiten: Er kann wegen großer Nachfrage nur noch über Wartelisten bezogen werden.

JÄGER

Im luxemburgischen Bourscheid ist die Schweinepest ausgebrochen. Vermutlich wurde die Seuche im Jahre 2002 von Rheinland-Pfalz aus eingeschleppt, wo das Schwarzwild großflächig infiziert ist.

JÄGER

Auch in der Schweiz machen 2003 die hohen Schwarzwildbestände den Eidgenossen so ihre Probleme. Im Kanton Aargau dürfen nun gestreifte Frischlinge mit Schrot in den Stärken 3,7 und 4 Millimeter erlegt werden. In Gebieten, wo besonders viele Schwarzkittel vorkommen, ist auch die Jagd unter Verwendung künstlicher Lichtquellen erlaubt.

JÄGER

Der Landestierschutzverband Baden-Württemberg hat 2003 gegen die Intensivierung der Schwarzwildjagd im Land protestiert. Um die Bestände zu regulieren, müßte nur der Maisanbau eingegrenzt werden. Die Felder seien in den letzten Jahren zu dicht an die Wälder herangerückt. Das Wild fände so zu leicht eine Grundlage für die starke Vermehrung. Der Landesjagdverband stimmte diesem Teil der Kritik zu. Doch auch unabhängig vom Maisanbau vermehre sich das Schwarzwild zu stark. Die von den Tierschützern sogenannten "erbärmlichen Treibjagden" seien im Gegenteil eine "wald- und tierschutzgerechte Jagdmethode".

JÄGER

Bloß keine "Pille für das Schwarzwild": Mit diesen Worte warnte ein Professor für Veterinärmedizin vor dem Einsatz von hormonellen Empfängnisverhütungsmitteln zur Reduzierung überhöhter Schwarzwildbestände. Der Hormonspiegel eines jeden erlegten Schwarzkittels müsse dann amtlich untersucht werden. Liegt das Resultat über dem Normwert, muss das Stück in die Abdeckerei. Die Kosten dafür trägt der Jäger. Er reagierte damit auf Forderungen von Landwirten, und Tierärzten, angesichts des Ausbruchs der Europäischen Schweinepest die Schwarzkittel-Populationen mit Hilfe der "Pille" zu reduzieren. Der Veterinärmediziner plädierte im Jahre 2003 vor hessischen Jägern in Alsfeld eindringlich dafür, statt dessen die Zahl der Borstentiere durch revierübergreifende Bewegungsjagden zu senken.

PIRSCH

Nach meiner Meinung ist es im Angesicht der Schweinepest grotesk, für einen Schützenstand überhaupt Geld zu verlangen. Hier sollen die Jäger wieder als "Melkkühe" genutzt werden. Ich für meinen Teil habe mich mit meinem Hund abgesprochen. Wir werden solchen Jagden fernbleiben, bis die Erfinder solcher Praktiken auf den Boden der Realität zurückehren.

Leserbrief in WILD UND HUND

Überall steigende Schwarzwildbestände (2004): In Bayern breiten sich die Sauen aus, erobern Gebiete, in denen sie bislang noch nicht vorkamen - zum Beispiel Schwaben, Ober- und Niederbayern. Damit die dortigen Jäger möglichst schnell lernen, wie man den Sauen effektiv nachstellt, hat nun das Landwirtschaftsministerium siebzehn Schwarzwild-Berater berufen.+++ In Baden-Württemberg hat sich die Zahl der erlegten Sauen in den vergangenen sechzig Jahren verhundertfacht.

JÄGER

Seit etwa 15 Jahren werden im Schwarzwildring Obere-Vordere Rhön die Einflüsse von Waldmasten (Eichen- und Buchenmasten) auf die Bestandsentwicklung des Schwarzwildes beobachtet. Gravierende Masten traten im Bereich des Schwarzwildrings früher etwa alle 10 - 12 Jahre, seit gut 10 Jahren aber alle 2 - 3 Jahre auf. Im Mastjahr nahm die Strecke gegenüber dem Vorjahr im Durchschnitt um 41 % ab, im Nachmastjahr um 164 % gegenüber dem Mastjahr zu. Ein Boom in der Bestandsentwicklung des Schwarzwildes dürfte in Gegenden ähnlicher Baumartenzusammensetzung wie in der Rhön (Hochlagen: ca. 45 % Buche und 2 % Eiche; Tieflagen: 35-40 % Buche und 10-15 % Eiche) ähnliche Ursachen haben. Für nahezu reine Nadelholzgebiete wie in den neuen Bundesländern trifft das natürlich kaum zu. Hier dürften die riesigen, bis zu 100 ha großen und bis in den Herbst praktisch nicht bejagbaren Mais- und Getreidefelder eine "Dauermast" verursachen.

UNSERE JAGD

Auch bei unseren Nachbarn in Österreich sind die Sauenbestände förmlich explodiert. Stand 2006: Insgesamt kamen im vergangenen Jagdjahr 33.370 Sauen zur Strecke. Im Jahr 1980 waren es im Vergleich nur 3.600 Stück und im Jahr 2000 schon 25.000. Eine gleichbleibende Vermehrung vorausgesetzt, wird für das Jahr 2015 eine Strecke von 65.000 Schwarzkitteln errechnet.

JÄGER

Schwarzwild führt 2007 in der Beliebtheitsskala beim Wildbretverzehr: Wildfleisch gilt als eines der ältesten Nahrungsmittel der Menschheit. Vormals war es nur Jägern und dem höfischen Adel vorbehalten. Im vergangenen Jagdjahr sind in Deutschland 24.900 Tonnen heimisches Wildbret verzehrt worden, rund ein Prozent mehr als im Vorjahr. Spitzenreiter bei der Beliebtheit - und Verfügbarkeit - ist das Schwarzwild mit 12.000 Tonnen, gefolgt vom Rehwild (9.500 Tonnen).

Literaturrecherchen, JÄGER

Streckenergebnisse beim Schwarzwild 1986 - 2006

Im Zeitraum der letzten zwanzig Jahre hat sich in Deutschland die Jahresstrecke beim Schwarzwild mehr als verdoppelt (vgl. DJV-Statistik aus dem Jahr 2007):

Jagdjahr 1986/1987:	201.949	erlegte Stücke Schwarzwild
Jagdjahr 1987/1988:	206.578	"
Jagdjahr 1988/1989:	240.169	"
Jagdjahr 1989/1990:	229.864	"
Jagdjahr 1990/1991:	305.740	"
Jagdjahr 1991/1992:	312.768	"
Jagdjahr 1992/1993:	248.898	"
Jagdjahr 1993/1994:	339.232	"
Jagdjahr 1994/1995:	313.214	"
Jagdjahr 1995/1996:	253.788	"
Jagdjahr 1996/1997:	362.214	"
Jagdjahr 1997/1998:	281.916	"
Jagdjahr 1998/1999:	251.431	"
Jagdjahr 1999/2000:	418.667	"
Jagdjahr 2000/2001:	350.976	"
Jagdjahr 2001/2002:	531.887	erlegte Stücke, (bisherige Rekord-Strecke)
Jagdjahr 2002/2003:	512.050	erlegte Stücke Schwarzwild
Jagdjahr 2003/2004:	470.283	"
Jagdjahr 2004/2005:	476.042	"
Jagdjahr 2005/2006:	476.645	"

Der wieder auferstandene Keiler

"Ich bin Ästhet und kann es auf den Tod nicht leiden, wenn man Wildbret mit der Kugel zerhackt", sprach der Jagdgenosse, machte den berühmten Sturztrunk mit eisgekühltem "Eifeler Basismedikament" aus Bitburg und rollte dann bedeutungsvoll mit den Augäpfeln. Einige Zeit später berichtete mir ein anderer Waidmann von seinem potentiellen Lebenskeiler, den er unlängst zu nächtlicher Stunde an der Kirrung beschoss und dabei offenbar am krellte. Das Stück lag, schlegelte eine Zeitlang und erhob sich in dem Moment, als er in seinem Jagdrucksack nach der Lampe kramte. Als er wieder auf die Kirrung schaute, war die kapitale Sau bereits spurlos verschwunden. Die am nächsten Morgen eingeleitete Nachsuche blieb erfolglos.

Mitte September nachts um 4:35 Uhr brach mein Schuss. Gegen 2:00 Uhr war ich angewechselt und leise aufgebaumt. Der Mond kam relativ spät und sendete sein fahles Licht gegen 3:30 Uhr mitten auf die vor der Kanzel liegende Sauenkirrung. Dort lag ein wenig "Sauengold" unter einigen meterlangen Stammabschnitten. Gegen 4:25 Uhr vernahm ich anwechselndes Wild. Seitlich von rechts näherte sich ein Stück im Altholz. Es dauerte nur wenige Augenblicke, dann hatte ich eine mittelgroße einzelne Sau in Anblick. Das Stück trollte zuerst schnurstracks an der Kirrung vorbei und verhoffte dann für einen Moment seitlich im Baumschatten. Kurz darauf zog die Sau ohne weiteres Zögern zum Holzstapel, stupste mit der Wurfscheibe unter die fein säuberlich aufgeschichteten Stammabschnitte und pfefferte die nicht gerade leichtgewichtigen Hölzer mit einem einzigen Kopfruck durch die Gegend. Ich war baff! Wie oft hatte ich beim Kontrollieren der Kirrungen die im Umkreis verstreuten schmierigen Stammabschnitte wieder eingesammelt und über der kleinen Kuhle, in die zuvor zwei Hände voll Mais kamen, wieder aufgeschichtet. Nun konnte ich beobachten, wie eine Sau förmlich mit einem einzigen schnellen Ruck mit der Arbeit des Abdeckens fertig wurde und dann genüsslich Fraß aufnahm.

Dabei stand das Stück breit. Ich hatte die Büchse bereits gespannt und den heruntergedimmten, schwach rotglühenden Leuchtpunkt eingeschaltet. Jetzt fuhr ich auf den Wildkörper und ließ fliegen. Die Sau lag im Knall.

Es handelte sich offenbar um ein Stück von 60 bis 70 Kilogramm Gewicht. Ich stellte die Büchse ab, nahm mein Nachtglas zur Hand und leuchtete zu der mitten auf der Kirrung liegenden Sau hinunter: Sonderbar langsames Schlegeln - offenbar schien es aber dem Ende entgegen zu gehen. Das Stück lag auf der linken Körperseite. Der Kopf wies nach links und wurde in langsamem Rythmus leicht angehoben und dann wieder abgelegt. Die ganze Sache erschien mir nun doch merkwürdig. Ich leuchtete die Szenerie nochmals genauer ab und meinte, am Wurf der Sau etwas blasigen, im Mondlicht schwarz glänzenden Schweiß auszumachen. Sollte ich doch lieber nachschießen? Der eingangs erwähnte Jagdgenosse und der Jagdfreund mit dem gekrellten Keiler kamen mir in den Sinn. In diesem Moment kam unten Bewegung in die beschossene Sau: Das Stück kam mit einem Mal wankend hoch! Lähmendes Entsetzen packte mich. Und anstelle spätestens jetzt nachzuschießen, sah ich auf die schwerkranke Sau hinunter, die plötzlich seitlich nach links wegkroch. Ich hätte sie in diesem Moment in den Rücken schießen können. Warum ich es nicht getan habe, weiß ich bis heute nicht. Vielleicht spielte das "nicht-zerhacken-wollen" die entscheidende Rolle. Währenddessen kroch die Sau nach links in den Baumschatten hinein und war sogleich in einer direkt anschließenden Dickung verschwunden.

Morgens um 8:00 Uhr war der bekannte Nachsuchenführer und Jagdbuchautor Rudolf Nohles mit seinen stabilen BGS-Rüden "Kim" und "Ilko" zur Stelle. "Bei einer dicken Sau immer nachschießen, bis sie hinüber ist!", lautete sein erster Kommentar, nachdem ich ihm das Wesentliche berichtet hatte. Wir zogen zum Anschuss. Die dort vorhandene Schweißmenge hielt sich sehr in Grenzen, doch die Hunde nahmen sofort Witterung auf - und ab ging die Post! Beide Rüden waren auf der frischen Wundfährte kaum zu halten. Ich hatte die Schweißleine mit dem jüngeren Ilko in die Hand bekommen und sollte in kurzem Abstand folgen. "Aber passen Sie gut auf", sagte der rüstige pensionierte Forstmann, der zum damaligen Zeitpunkt bereits etwas über siebzig Lenze auf dem sportlichen Buckel hatte. Und dann fügte er noch hinzu: "Meine Hunde haben nämlich Allrad". Das merkte ich auch sogleich, denn es ging in einem Höllentempo bergab und dabei durch dichten Laubholzaufwuchs, Schwarzdorn, wilde Rosen und

Brombeeren hindurch. Um nicht vorzeitig zu Tode zu schlagen, stoppte ich den mir zugeteilten hochpassionierten Bayerischen Gebirgsschweißhund zwischendurch mehrfach kurz ab, indem ich “quasi in Notwehr” das Ende der breiten Schweißleine um einen Baum schlang oder mit einer belaubten Haselgerte über ihm raschelte oder einen leichten “Klapps” austeilte, um nicht laufend umgerissen zu werden. Zwischendurch hatte Kim den bislang ersten und einzigen Tropfen Schweiß verwiesen. Diesen kleinen Stein mit dem angetrockneten Schweißtropfen habe ich übrigens heute noch. Die Hunde zogen wie wild und die rasante “Fahrt” ging weiter steil hangabwärts. Irgendwann wurde die Vegetation nochmals dichter und dorniger. Rudi Nohles bat mich, zuerst Ilko loszulassen und schnallte dann auch den erfahrenen Kim. “Sie schweißen an der Stirne”, sagte ich zu ihm, die Dornen hatten einige Hautrisse verursacht. “Sie auch”, gab er zurück, “und Sie büßen nun dafür, dass Sie heute Nacht nicht rechtzeitig nachgeschossen haben.”

Kurz darauf hatten die Hunde die schwerkranke Sau im dichten Dornenfilz eines ehemaligen Weinberges gestellt. Rudolf Nohles rutschte den steilen Hang in die Dickung hinunter und war kurze Zeit später in der Nähe des Stücks. “Paaaffffff” - krachte sein Fangschuss aus der kurzen 8x57IS-Nachsuchenbüchse durch das dichte Holz. Ein erlösender Schuss! Sau tot! Zur Strecke lag ein feister Überläuferkeiler mit einem Gewicht von aufgebrochen 71 Kilogramm, der sehr wahrscheinlich viel Zeit in den Maisschlägen der Region zugebracht hatte. Selten habe ich bei der Roten Arbeit soviel Weißes aus einer Sau herausgeschärft. Rudi Nohles drückte mir die Hand und wir wünschten uns gegenseitig ein kräftiges Waidmannsheil. Mit meinem nächtlichen Schuss - so war nun feststellbar - war ich mit dem 308 Win.-TMR-Geschoss (11 Gramm) zwar mittig, aber leider kurz hinter der Kammer abgekommen, wodurch der Magen angerissen war. Das Stück hatte zum Zeitpunkt des Schusses gerade Fraß aufgenommen. Ein Ausschuss war nicht vorhanden. Am Anschuss und in der Wundfährte fanden sich kaum Schweiß. Die Nachsuchenstrecke betrug insgesamt rund 3000 Meter. Selbst nach einem Kammerschuss sind bei Schwarzwild-Nachsuchen in seltenen Fällen schon Fluchtstrecken um die 900 Meter (!) ermittelt worden. Zwar handelte es sich dabei meist um “adrenalin-gepuschte Drückjagdsauen”, aber solche Belege machen deutlich, wie weit manches Stück selbst mit einem guten Schuss noch geht. Bei meinem Schuss handelte es sich nicht um einen Kammertreffer. Daran gemessen war die Sache noch glimpflich ausgegangen.

Dennoch habe ich meine Lehren daraus gezogen: Heute bleibe ich nach dem Schuss direkt im Anschlag und fackele auch nicht lange mit dem Nachschießen, sofern es erforderlich ist. Denn dieses Jagderlebnis inklusive der haut- und nervenaufreibenden Nachsuche im dornigen Ahrtalhang mit dem erfahrenen Nachsuchenführer und seinen kraftvollen treuen Hunden, hat sich unauslöschlich ins Gedächnis eingebrannt.

Allesfresser

Norbert Happ (2002) erwähnt in seinem Buch "Hege und Bejagung des Schwarzwildes", dass das Rehwild trotz seiner Anpassungsfähigkeit beim Auftauchen von Schwarzwild oft sehr empfindlich reagiert: "Tauchen Sauen im Revier erstmalig auf oder kommen sie nur als (seltenes) Wechselwild vor, kann man das Ziehen einer Rotte akustisch gut am sich immer weiter fortpflanzenden Schrecken des Rehwildes verfolgen. Besonders auffällig ist das in der Setzzeit des Rehwildes." Schwarzwilderfahrene Rehe springen mitunter bereits ab, wenn sie Sauen nur von Ferne vernehmen, denn sie wissen offenbar um die Gefahren, die vom Schwarzwild ausgehen können. Obwohl häufiger darüber berichtet wird, gibt es nur relativ wenige Beobachtungen kitzereißender Sauen - wahrscheinlich weil dies meist in der Dunkelheit geschieht. Doch dazu später mehr!

Schon der römische Dichter Ovid beschrieb, welche Schäden brechende Sauen auf den Feldern der Bauern verursachen. Untersuchungen über die Nahrungszusammensetzung des Schwarzwildes kommen nach Heck & Raschke (1985: Die Wildsauen) nach Analyse einiger hundert Mägen durch zwei polnische Institute zu folgendem Ergebnis: Der Anteil an pflanzlicher Nahrung betrug insgesamt 92,4 %. Davon entfielen auf Kartoffeln und andere Hackfrüchte sowie Getreidekörner und Samen anderer Kulturpflanzen zusammen 40,6 %. Immerhin 36,6 % der pflanzlichen Nahrung bestand aus Eicheln, gefolgt von Grünäsung (9,5 %), Wurzeln/Knollen (3,5 %), Samen anderer Holzarten wie Buche und Linde (1,4 %), Früchten/Beeren (0,3 %), Farn (0,2 %), Schachtelhalm (0,1 %), Moosen (0,1 %) und schließlich Pilzen (0,1 %). Beim übrigen Anteil tierischer Nahrung von insgesamt 7,6 % spielte Aas mit 3,2 % die Hauptrolle, gefolgt von Insekten/-larven (1,8 %), Regenwürmern (0,4 %), Mäusen (0,3 %) Fröschen (0,1 %) und Sonstigem (1,8 %).

Heinz Meynhardt (1980: Schwarzwild-Report) berichtet, dass vom Schwarzwild nicht nur Abfälle geschlachteter Hausschweine, sondern auch verendete Artgenossen vertilgt werden, was durch Beobachtungen eines ihm bekannten Oberförsters belegt wird. Andererseits sind Sauen mitunter regelrechte "Feinschmecker" und bevorzugen bestimmte Kartoffelsorten gegenüber Züchtungen, die ihnen weniger zusagen. Gleiches gilt für die heimischen Eicheln, die sie als Delikatesse schätzen und den Eicheln der Amerikanischen Roteiche vorziehen. Ferner erwähnt Meynhardt Analysen aus dem Urwald Bialowieski (Polen) und aus Tschechien, bei denen der Gesamtanteil der animalischen Nahrung 12,4 % und 13,2 % betrug. Andere Untersuchungen, auf die von Heck & Raschke (1985) hingewiesen wird, erbrachten stark abweichende Ergebnisse. So betrug der Gesamtanteil tierischer Nahrung in einem durch Forstinsekten schwer befallenen Revier zeitweise bis zu 89 %. In den Mägen der Sauen fanden sich damals hauptsächlich die schädlichen Forstinsekten/-larven. Alfred Willy Boback (1957: Das Schwarzwild) nennt Fälle, in denen in je einem Schwarzwildmagen folgendes gefunden wurde: "1462 Maikäferengerlinge; 1880 Puppen der Forleule; 3583 Kokons der Kiefernbestands-Gespinstblattwespe; 2130 Puppen des Kiefernspinners". Ein Keiler, der 1890 Puppen des Kiefernspanners im Magen hatte, hat wohl in einer Nacht rund 95 Quadratmeter Waldboden weitgehend von diesem Schädling befreit. Andererseits kann zeitweise auch pflanzliche Nahrung total überwiegen. So habe ich in Mägen von Sauen, die südlich von Bonn im Frühjahr 2006 während einer längeren Periode mit Frost und Schnee geschossen wurden, zeitweise zu über 80 % dunkelgrüne Wintergerstensaat (fast ohne Beimengungen von Erde) gefunden, die bei Nacht auf der Feldflur abgefressen wurde. Sind die Sauen später im Getreide, im Mais oder in anderen Kulturen, überwiegt zeitweise auch dieser Fraß. Die vielseitige Nahrung der Sauen wechselt damit in ihrer Zusammensetzung in Abhängigkeit vom jeweiligen Angebot des Lebensraumes, von der Jahreszeit, der Witterung und von anderen Faktoren, wie der zeitweisen Massenvermehrung von Insekten und Mäusen, dem Vorhandensein von Aas (Aufbruch, verendetem Wild etc.) und der Möglichkeit, kranke Stücke oder Jungwild zu erbeuten. Nachfolgend dazu einige kuriose Beobachtungen.

Es war Anfang Mai. Der Schuss war kaum verhallt und der Pulverrauch noch nicht lange verzogen, da erschien plötzlich ein massiger, alter Keiler auf der Bildfläche, nahm das soeben verendete Schmalreh wie ein

“Apportierholz” vom Boden auf und “trabte” damit auf und davon. Der verblüffte Jäger, der an diesem Tag nur über eine Rehwild-Freigabe (Bock oder Schmalreh) verfügte, blickte dem Bassen ungläubig nach, als dieser mit der Beute flugs in einer nahen Dickung verschwand. Ob der Keiler bei bestem Morgenlicht nur rein zufällig des Weges kam, oder ob er gezielt schnurstracks anwechselte, um sich das geschossene Reh zu holen, war nicht zu klären. Der Jäger hatte hinterher zumindest den Eindruck, als wäre der Keiler auf den Schussknall hin herangekommen. Was soll man davon halten? Ein hochgradig leichtsinniger Keiler - wieso ist er dann alt geworden? Ein gerissener Basse, den der Heißhunger auf “Frischfleisch” umtrieb? Oder reiner Zufall?

Szenenwechsel: Im tief verschneiten ungarischen Winterwald befand sich ein Jagdgenosse zusammen mit dem Jagdleiter des Jagdreviers Gemenc, gerade auf dem Ansitz, als eine laufkranke Ricke auftauchte. Nach kurzer Beratung kam man überein, dass dieses Stück unbedingt erlegt werden müsse. Gesagt - getan. Die Ricke lag im Knall und man harrte der Dinge, die da kommen sollten. Mit einem Mal erschien ein starker Keiler, zog zu dem erlegten Stück und begann es zu vertilgen. In diesem Moment ereilte auch ihn die tödliche Kugel. Heute ziert sein uriges Gewaff die Trophäenwand des Jägers. Hinten auf dem Keilerbrett ist vermerkt: “Der Ricken-Keiler”.

Ein Berufsjäger berichtete folgende Begebenheit: Der Jagdgast schoss und das Rotkalb verendete nach kurzer Todesflucht. Er hatte das hinter einer Bodenwelle liegende Stück zwar nicht in Anblick, war sich aber seines guten Schusses sicher. Der Jäger baumte nicht ab, denn die Dämmerung hatte gerade erst eingesetzt und er wollte den Ansitz deshalb fortsetzen. Nach einiger Zeit war Schwarzwild zu vernehmen, sogar über längere Zeit hinweg. Bis zum Einbruch der Nacht verging rund eine Stunde. Dann fuhr der Berufsjäger zur Kanzel, um den Gast abzuholen und bei der Bergung des Stückes zu helfen. Nach dem kurzen Lagebericht schwante ihm nichts gutes. Und richtig: Vom Anschuss aus war es quasi nur ein Steinwurf bis zu der Stelle, wo das Kalb liegen musste. Statt des erlegten Stücks fanden die beiden aber nur noch Reste der Läufe und Teile der Decke. Mehr war nicht übrig geblieben. Den Rest hatten sich die Sauen geholt!

In einem Eifelrevier war ich im Jahr darauf zusammen mit einem der Beständer auf dem Ansitz. Es war Anfang April. Gegen 18:30 Uhr baumten wir auf. Ein junger Bock sprang ab und kurz danach trat Rotwild auf die vor uns liegende Wiese aus. Mit einem Mal erblickten wir ein dreiläufiges Stück! Es handelte sich um ein schwaches Alttier, dem unterhalb des Sprunggelenks der rechte Hinterlauf fehlte. Es dauerte rund eine halbe Stunde, bis es frei und breit stand, sodass ihm die Kugel angetragen werden konnte. Das dreiläufige Tier verendete im Knall und das Rotwildrudel wechselte in Richtung unserer Kanzel ab, was spektakuläre Anblicke bot. Wir baumten einige Zeit später ab, fuhren zum Jagdhaus und kehrten mit einem "Pick-Up"-Geländewagen zurück, um das Wild zu bergen. Inzwischen war die Nacht hereingebrochen. Im Scheinwerfer-Lichtkegel erblickten wir plötzlich am erlegten Stück eine riesige Sau, deren Lebendgewicht von uns auf "mehr als 100 Kilogramm" geschätzt wurde. Schwer zu sagen, ob es sich um eine gewaltige Bache oder um einen starken Keiler handelte. Auf jeden Fall tauchte das gigantische Borstentier sofort in der Dunkelheit unter. Am Stück stellten wir fest, dass wir gerade noch rechtzeitig eingetroffen waren. Vorne und seitlich am Haupt hatte die Sau bereits mit der Vertilgung des Alttiers begonnen: Teile des Nasenschwamms und der Decke samt des darunterliegenden Wildbrets waren "heruntergehobelt". Die Ober- und Unterkieferknochen lagen teilweise frei. Ein schauriges Bild!

Heck & Raschke (1985) gehen davon aus, dass von hungrigem Schwarzwild bisweilen auch lebende, größere Beute wie zum Beispiel (kranke) Damwild- und Rotwildkälber angegriffen und gerissen werden. Ferner wird ein verbürgter Fall geschildert, in dem ein angeschossener Rehbock von Sauen gehetzt wurde: "Aus seinem Wundbett aufgemüdet, wurde er, wie die Schweißfährte zeigte, hin und hergetrieben, bis er den Verfolgern erlag. Sauen können somit wie richtige Raubtiere auch angeschossenes, krankes Großwild anfallen, um es aufzufressen." Nach Oliver Keuling (13. Österreichische Jägertagung 2007: Sauen als Beutegreifer) tauchen Großsäuger in einer Frequenz von 13 % in der Nahrung des Schwarzwildes auf. Nach Inhaltsanalysen von 665 Mägen kommt Briedermann (1976) zu den Schluss, dass davon etwa 15 % als geräubert angesehen werden können, der Rest entfalle auf Aas.

In seinem Buch "Rehwild" (1997) berichtet Christoph Stubbe von drei Beobachtungen, die eindrucksvoll belegen, dass vom Schwarzwild manches Kitz gefunden, getötet und vertilgt wird. Am Ostufer der Müritz (Mecklenburg-Vorpommern) war er am 6. Juni 1965 gegen 17:30 Uhr selber Augenzeuge, als in der hellen Nachmittagssonne ein Kitz von einem zweijährigen Keiler gerissen wurde. Ob der Keiler das Kitz jedoch aktiv gesucht oder rein zufällig gefunden hat, war nicht feststellbar. Seine zweite Beobachtung am Ostufer der Müritz datiert auf den 14. Juni 1966. Damals zog gegen 18:00 Uhr eine Rotte von Überläufern "in breiter Front" über eine Wiese. Einer der Überläufer fand dabei ein Kitz und fasste zu. Das Kitz begann laut zu klagen. Während die anderen Rottenmitglieder lediglich kurz aufwarfen, stürzte ein zweiter Überläufer hinzu. Es dauerte nur wenige Minuten, dann hatten die beiden Sauen das Kitz auseinandergezogen und vertilgt. Obwohl in beiden Fällen die Kitze laut klagten, zeigte sich die Ricke nicht. Könnten die Sauen auf der Wiese vielleicht sogar gezielt nach Kitzen gesucht haben? Kommen wir zum dritten, bei Stubbe erwähnten Fall: Ende Mai 1975 vernahm ein Jäger im Revier Kunersdorf (Brandenburg, Landkreis Märkisch-Oderland) im Randbereich einer Eichenkultur das Fiepen eines Kitzes. Dann ging das Fiepen in Klagelaut über. Näher herangepirscht, kamen in der Dickung drei Überläufer in Anblick. Zwei der Sauen stritten sich um das bereits verendete Kitz, während die Dritte relativ unbeteiligt danebenstand. Einer der Überläufer nahm das Kitz, aus dem bereits Teile des Gescheides heraushingen, schließlich auf und verschwand damit im Unterholz. Die Ricke stand die ganze Zeit über unsichtbar in der Nähe und schreckte. Nach dem Abziehen der Sauen zog die Ricke hinter den Überläufern her, wobei sie rund eine Viertelstunde anhaltend schreckte.

In Gebieten mit hoher Schwarzwilddichte können die Kitzverluste durch Sauen also erheblich sein. Darüber hinaus kann das Schwarzwild in Niederwildgebieten stark zu Schaden gehen, indem es bei seinem Umherstreifen sowohl unbeholfene Satzhasen, als auch die Gelege des Flugwildes findet und verschlingt. Problematisch ist ein starker Besatz mit Schwarzwild in Hinblick auf Bodenbrüter und andere Arten deshalb auch in Sumpf- und Moorgebieten oder in Haselwild- und Auerwild-Refugien. Selbst das Aufgraben von einem Kaninchen-Nestbau durch einen Keiler und das Fressen der Kaninchenjungen ist schon beobachtet worden.

Sauenpirsch im Blätterwald

Die Sauen schlagen zurück

Die Intelligenz des Schwarzwildes ist beträchtlich. Sie übertrifft die der meisten Pflanzenfresser bei weitem und ist etwa der des Hundes gleichzusetzen. Mut und Entschlossenheit ist allen Sauen eigen. Sie sind entschlossene Gegner, die sich vor nichts fürchten.

Wilhelm Eigener (Enzyklopädie der Tiere)

Im Kreis Segeberg werden die Sauen rabiat. Eine Rotte flüchtete direkt aus einem Maisfeld, das gerade abgeerntet wurde, ins nahe Schlamersdorf. Sie rannten durchs Dorf und mähten Zäune nieder. Dann verdrückten sich die Schwarzkittel in ein Einfamilienhaus und verwüsteten das Untergeschoss. Nachdem man das Haus aufgeräumt hatte, wollten sich die Opfer vom Schreck erholen und sich Schlafen legen. Doch im ehelichen Bett wartete die nächste Überraschung in Form einer weiteren Sau, die sich zu einem Nickerchen in die Federn verdrückt hatte. Ein letztes Mal blies die Familie zur Jagd und trieb die "Schlafzimmer-Sau" aus den Haus. Man schlief dann auf den Sofa, denn das Bett roch irgendwie schweinisch...

JÄGER

Jäger erschießt Waschmaschine und Wildschwein. Dresden - Ein Keiler auf Brautschau hatte sich tragisch verirrt. Das junge Wildschwein lief in Starbach (270 Einwohner) bei Nossen (Sachsen) in ein Wohnhaus, kam nicht mehr raus. Der Keiler randalierte im Treppenhaus, tobte sich schließlich zum Waschraum des Kellers vor, demolierte drei Waschmaschinen, riss Kabel aus den Wänden. Versuche, das Schwein aus dem Haus zu locken, scheiterten. Ein Jäger wurde gerufen, sollte den Keiler mit Betäubungs pfeilen einschläfern - keine Wirkung. Daraufhin griff der Jäger zur Waffe, einer H.357 Magnum. Leider war das nicht sein treffsicherster Tag. Erst nachdem er die Waschmaschine „erledigt" hatte, traf er den Keiler. Tot! *Bild.T-Online*

Im Landkreis Celle hatte vor zwei Jahren eine angeblich von der Jagd aufgeschreckte Sau die geschlossene Terrassentür einer Wohnung durchbrochen und war auf das Wohnzimmersofa gesprungen. Dort lag bereits die Bewohnerin, die das Stück nicht gerade mit offenen Armen empfing. Im Gegenteil: Sie erlitt ein Halswirbeltrauma, zahlreiche Prellungen und verlor einen Zahn. Das Stück wurde in der Küche erlegt - nicht zerlegt. Daraufhin versuchte die Frau, von dem Jagdpächter, in dessen Revier das Stück Schwarzwild vermutlich aufgeschreckt wurde, 20.000,- Euro Schadensersatz und 6000,- Euro Schmerzensgeld zu bekommen. Nun wies das Landgericht Lüneburg die Klage ab. Begründung: Es ist nicht vorstellbar, wie der Jagdherr den Vorfall hätte verhindern können. Es sei auch nicht nachweisbar, dass die Sau aus dem besagten bejagten Maisfeld geflohen sei. Außerdem sei es unmöglich, einen Jagdbezirk völlig abzuriegeln.

JÄGER

Keiler im fünften Stock: Große Aufregung gab es in einer Strausberger Wohnsiedlung (Brandenburg). Ein Überläuferkeiler hatte mit dem Wurf die Eingangstür des Plattenbaus aufgebrochen. Die herbeigerufene Polizei vermochte es nicht, das Wildschwein zu vertreiben und musste einen Jäger zu Hilfe holen. Dieser fing den Hosenflicker im Treppenhaus mit dem Messer ab.

WILD UND HUND

Auge um Auge, Bein um Bein: Ein Professor, Hochschullehrer für Zahntechnik, wurde in einem Waldstück am Rande Berlins von einem Stück Schwarzwild unversehens umgerannt und erlitt einen doppelten Beinbruch. Vermutlich hatte er bei einem Spaziergang einen ruhenden Schwarzkittel aufgescheucht.

JÄGER

Die Rache der Wildsau: Ein Jäger hatte bei Rosenheim mit Freunden drei Sauen in einem Maisschlag erlegt, eine vierte konnte entkommen. Und die brach ausgerechnet ins Haus der Mutter des Jägers ein. Die 68-jährige wollte den Schwarzkittel mit einem Besen aus der Küche vertreiben. Doch die Sau ging zum Gegenangriff über und biss der Frau ins Bein, bevor sie sich wieder aus dem Staub machte. Die Frau musste im Krankenhaus behandelt werden.

JÄGER

Sauentelegramm: Ende Januar versuchte in Hagen ein Stück Schwarzwild ein Friseurgeschäft zu stürmen, doch die Doppelverglasung hielt stand! +++ Bei Rittersdorf in der Eifel wurde eine Sau von 100 Kilogramm angefahren und floh. Beim Versuch, das Stück zu erlegen, versagte ein Polizist mehrfach. Nun nahm der Schwarzkittel den Beamten an. Der konnte sich noch mit Mühe und Not retten, bis ein herbeigerufener Jäger die Sau streckte. +++ Im nordrheinwestfälischen Hürth stürmten drei Schwarzkittel in den Keller einer Grundschule. Zwei Jäger erlegten sie noch an Ort und Stelle.

JÄGER

Nach einer Drückjagd im Landkreis Würzburg hat eine Rotte Sauen die beiden Orte Veitshöchheim und Margetshöchheim gestürmt. Dabei wurde eine Radfahrerin umgerannt und eine Passantin ins Bein gebissen. Eine der Sauen stürmte eine Modeboutique und hinteließ dort eine Spur der Verwüstung. Sie flüchtete aus dem Geschäft, zerstörte ein Gartentor und geriet in einen Hinterhof, wo sie von Polizeikugeln gestoppt wurde. Insgesamt drei Stücke, alles Frischlinge, konnten von der Polizei erschossen werden, zwei starben bei Verkehrsunfällen. Die Untere Jagdbehörde bestätigte anschließend, dass bei der Drückjagd korrekt gejagd wurde. Vermutlich werden die Schäden von keiner Versicherung getragen.

DJZ, JÄGER

Eine 35-jährige Frau war mit ihren beiden Möpsen in Cottbus unterwegs. Plötzlich tauchten vor ihr Wildschweine auf, diese jagten die beiden Hunde in ein Waldgebiet. Von dort konnte sie nur noch "Fressgeräusche" hören. Einer ihrer Hunde wurde von den Wildschweinen gefressen und der andere Hund wurde verletzt. Nach dem Mahl verschwanden die Wildscheine wieder im Wald.

rp-online.de

Mit Horror endete für einen 60-jährigen Treiber eine Drückjagd im niederbayerischen Bach bei Wörth. Ein zuvor angeschossener Keiler hatte sich in einem Unterholz gedrückt und war dort ins Wundbett gegangen, als ein Treiber auf dem Weg zum Sammelplatz auf ihn auflief. Der angeschweißte Keiler nahm den 60-jährigen sofort an, warf ihn auf den Rücken und schlug ihm seine Hauer knapp oberhalb der Nieren in den Rücken. Dabei wurde das Opfer schwer verletzt und erlitt starken Blutverlust. Der Keiler erhielt den Fangschuss. Mit einem herbeigerufenen Rettungshubschrauber musste der in Lebensgefahr schwebende Treiber ins Klinikum Straubing gebracht werden.

DJZ, JÄGER

In der Region von Montpellier wurde ein 73-jähriger Jäger von einem Keiler getötet. Der Mann hatte ihn angeschossen und folgte ihm sofort auf der Schweißfährte. Doch der Keiler verharrte und ging augenblicklich zum Angriff über. Die Beine des Jägers wurden von den Waffen des Keilers aufgeschlitzt. Der Waidmann verblutete an Ort und Stelle.

JÄGER

Auf Verdacht

In vielen Revieren waren im Winter 2006/2007 die Sauenstrecken schlecht - typisch für ein gutes Mastjahr. Gebietsweise lagen Tonnen von Eicheln und Bucheckern in den Wäldern, sodass sich das Schwarzwild an den meisten Kirrungen kaum noch blicken ließ. Außerdem ermöglichten ungewöhnlich milde Wintertemperaturen "allzeit fröhliches Brechen" auf Wiesen und Weiden. Sauen finden unter der Grasnarbe außer nahrhaften Wurzeln vor allen Dingen Regenwürmer und Insektenlarven (z. B. Larven der Wiesenschnaken/*Tipuliden*) in größeren Mengen. Auch wenn die Rotten viel proteinreiche Pflanzennahrung zur Verfügung haben, scheint animalische Beikost für das Schwarzwild überaus attraktiv zu sein. Ein alter Jäger sagte es einmal so: "Wir möchten ja auch nicht immer Kartoffeln, Reis und Nudeln auf dem Teller haben. Irgendwann kommt dann der Heißhunger auf ein saftiges Steak." Offenbar geht es den Sauen besonders im Winter und im zeitigen Frühjahr nicht viel anders. Umgedrehte grüne Wegränder sind meistens noch tollerierbar. Umgedrehte Wiesen und Weiden ärgern jedoch den Bauern und sie bringen den Jagdpächter in Rage, denn die Grünlandschäden sind bekanntlich nicht nur hässlich, sondern auch sehr teuer. Kein Wunder, dass in dieser Zeit die Jägerschaft auf "Rache" sinnt und das eine oder andere "Drückerchen" anberaumt wird, um den Sauen den kostspieligen Spaß zu verderben und ihnen die Untaten heimzuzahlen.

Es war Mitte Januar, als Berufsjäger Hannes Meldung machte: Nachts hatten die Sauen waldnahe Pferdeweiden umgedreht. Die Pferdeleute und der zuständige Verwalter waren keineswegs begeistert. Bei mir klingelte das Telefon gegen 10:30 Uhr, mitten in den Schreibarbeiten zu diesem Schwarzwildbuch. Rölfchen war am Apparat: "Du wolltest doch heute sowieso zu mir kommen. Könntest Du dann bitte Deine Büchse mitbringen und im Jägergrün auftauchen, denn laut Hannes liegen bei uns wahrscheinlich die Sauen fest. Meine Frau hat die ganze Aktion telefonisch zwar schon ohne mein Wissen abgesagt, denn sie glaubt nicht an den Erfolg, aber es kommen nun doch kurzfristig einige Jäger und wir ziehen die Drückjagd durch. Sei bitte spätestens um zwölf bei mir. Danke. Tschüss". Wenig später traf ich bei ihm ein. "Max", der quirlige Deutsch-Kurzhaar des Hauses sprang mit raumgreifenden Sätzen wie ein rassiges Rennpferd freudig herbei, um mich zu begrüßen. Dabei fiel mir sogleich der Spruch eines befreundeten Deutsch-Drahthaarführers ein: "Mancher Jagdhund küsst Dich schneller als Du schießt." Doch sein Herr und Gebieter bremste ihn rechtzeitig aus: "Maaax komm mal her, du machst jetzt halt." Der Kurzhaar war alles andere als einverstanden, aber er gehorchte grummelnd.

Eigentlich wollten wir - so der ursprüngliche Plan - uns endlich mal wieder treffen und über Jagdgeschichten und Jagdliteratur plaudern. Die spontan anberaumte Saujagd war zwar ein willkommener Grund, den Tag etwas anders zu gestalten, trotzdem nahmen wir uns aber noch die Zeit für eine kleine "Dichterlesung". Der besagte Jagdgenosse ist ein erfahrener Sauenjäger, der in seinem Leben schon sehr viele Stücke Schwarzwild erlegt hat, darunter eine Reihe guter Keiler. Er hatte vor einiger Zeit eine Jagdgeschichte niedergeschrieben und nun drängte ich auf die schon länger in Aussicht gestellte Lesung. Er hatte das handschriftliche Rohmanuskript aber verlegt. Im Nebenzimmer rund um den wuchtigen Schreibtisch nicht fündig geworden, kam ihm dann zum Glück noch eine gediegene, rotbraune Lederaktentasche in den Sinn. Und siehe da, inmitten eines wilden Stapels von Merkzetteln und amtlichen Papieren fand sich dann endlich die besagte Keilerjagdgeschichte. "Mach' doch mal bitte die Türe zu, jetzt kommt nämlich die Lesung", sagte er zu seiner besseren Hälfte, die inzwischen die jagdlich erforderlichen Siebensachen zusammensuchte und den Hund in den Garten hinauskomplementierte.

Dann begann er zu lesen - und von nun an waren wir im Baltikum unterwegs: Eine von Schnee und Eis überzuckerte nordische Winterlandschaft driftete am geistigen Auge vorbei. Die Unterkunft der Jagdfreunde kam detailliert in Anblick und die recht ordentliche Verpflegung. Ich wurde langsam ungeduldig. Endlich begannen die ersten Treiben im verschneiten Urwald und es folgte ein spannend geschilderter Auftakt: Drei Sauen auf einen Streich - fast so, wie einst beim tapferen Schneiderlein. Der weitere Fortgang der Jagd bescherte dem passionierten Schwarzwildjäger einen

Stand an einer tief verschneiten Forststraße. Plötzlich äugte ein uriger 130-Kilo-Keiler aus den baltischen Randfichten heraus. Er muss den reglos verharrenden Waidmann in dessen dunkelgrünem Jagdrock als irgend etwas Ungewöhnliches und potentiell Gefährliches eingestuft haben. Auf jeden Fall versuchte die mistrauisch gewordene Sau einige Momente später blitzartig die Forststraße zu überfallen. Das war jedoch keine sehr gute Idee, denn nun sprach des Jägers Doppelbüchse. Das 19 Gramm schwere Projektil im Kaliber 9,3x74 R fasste den "vorbeifliegenden" groben Bassen und warf ihn zu Boden. Ende und aus mit der Flucht. Kurz darauf folgte der Fangschuss auf die massige Winterschwarte. Übergroße Erlegerfreude - urige Jagd auf starke Urwaldkeiler. So oder ähnlich muss die Geschichte enden. Rolf sah von seinem Manuskript auf. "Da fehlen mir jetzt nur noch ein paar Sätze," sagte er - und schon waren wir wieder in Gedanken daheim.

Hannes war der Letzte, der am Treffpunkt mit einem ausgebauten Lieferwagen und seinen Hunden anrückte. Des Jagdherren passionierte Partnerin verzierte noch rasch ihre Winterjagdmütze mit dem obligatorischen orangen Hutband und verlas sodann die Sicherheitsregeln. Rolf übernahm die Freigabe: "Sauen aller Couleur sind frei - aber bitte keine führenden Bachen schießen!" Insgesamt waren wir sechs Schützen. Bald waren die zugeteilten Stände eingenommen. Plötzlich ertönten die lauten Rufe des durchgehenden Berufsjägers, begleitet von Hundegeläut: "Sauen, Sauen, Sauen!" Nahe meines Standes waren zwei Jagdterrier auf der Fährte einer durchwechselnden Ricke. Kurz darauf erschien ein Bock im Bast. Dann hallten in relativ kurzer Folge elf Schüsse durch den Forst. Die Hundemeute hatte die neben dem Grünland in einer Dickung festliegende Rotte gesprengt und die Sauen waren flink auf den Läufen, um ihr Borstenkleid in Sicherheit zu bringen. Einer der Jäger streckte einen Frischling, der aufs Feld entkommen wollte und fehlte danach die zweite Sau: "Vorne zu schnell und hinten zu kurz!" Doch ihr Glück währte nur so lange, bis sie den Stand der Jägerin mit der Winterjagdmütze anlief. Sekunden später lag das Stück im Feuer. Dazu kamen dann noch ein erlegter Überläufer und ein weiterer brauner Frischling. Mit dem letzten Schuss kam durch einen anderen Mitjäger nochmals ein versprengter Frischling zur Strecke. Der

Jagdherr, der diesmal leer ausging, freute sich über die Strecke von fünf Sauen und besonders über den Jagderfolg seiner treffsicheren Frau. Beim Schüsseltreiben berichtete sie später der kleinen Jagdkorona, dass an ihrem Stand beinahe sogar noch eine vierte Sau zur Strecke gekommen wäre: “Ich konnte gar nicht so schnell nachladen...”

Der Alptraum - Grünland nach nächtlicher Sauenvisite

Der Berufsjäger kam etwas später, nachdem die Sauen bereits versorgt waren und in der Wildkammer baumelten. Ich fragte ihn nun, woher er denn gewusst habe, dass die Sauen noch im Revier waren. Es herrschte nämlich seit Wochen mildes Wetter. Abfährten von Dickungen mit Hilfe des "weißen Leithundes" ist eine leichte Übung. Aber ohne Schnee lag die Frage nahe, wie Hannes die produktive Sauendickung so zielsicher lokalisieren konnte. Nicht selten liegt nach Drückjagden mit vielen Schützen kaum etwas auf der Strecke. Und teilweise ist im Vorfeld gar nicht klar, wo die Sauen im Kessel liegen. Mitunter ist das Schwarzwild auch längst über alle Berge, wenn zur Jagd geblasen wird. Daran gemessen ist dieses spontane "Drückerchen" absolut super gelaufen. Hannes lachte verschnitzt und berichtete dann, wie es dazu gekommen war: Die ganze Aktion fußte auf seiner Ortskenntnis und seinem guten Gespür: Die Sauen hatten in der Nacht zuvor auf den Pferdeweiden gebrochen und daher musste zeitnah etwas passieren. Zudem war er davon ausgegangen, dass die dafür verantwortliche Rotte noch immer nahe benachbart in einer Dickung neben den Weiden liegen müsse: "Weil das d' Saue äbe oft so mache", fügte der Berufsjäger in seinem sympathischen Schwabendialekt hinzu. Er hatte die kleine Drückjagd also rein auf Verdacht anberaumt und beim Durchgehen zusammen mit seinen Hunden zudem die entscheidende Arbeit geleistet, um die Sauen auf die Läufe und damit vor die Schützen zu bringen. Waidmannsdank Hannes!

Fehlfarbige Sauen

Anfang November in Brandenburg am Ende einer Ansitz-Drückjagd. Ab 12:30 Uhr galt “Hahn in Ruh”. Der knorrige Hundeführer, er zählte damals immerhin schon gute 70 “Lenze”, ging von seinem Sitz am Dickungsrand zurück zum Wagen. Er hatte an diesem Morgen außer einem Rudel Kahlwild, das auf 200 Meter über einen Holzabfuhrweg wechselte und einem ungeraden Zwölfender, nichts gesehen. Es war rund ein halber Kilometer Wegstrecke zurückzulegen. Sein Wachtelhundrüde “Panther vom Bellenberg” lief unangeleint, mal zehn Meter links, mal zehn Meter rechts im Kiefernstangenholz neben dem Jäger her.

Plötzlich ging Panthers Nase hoch, dann beschleunigte der Hund nach rechts und war kurz darauf nicht mehr zu sehen. Der erfahrene Hundeführer ging weiter und dachte: “Der wird schon gleich zurückkommen.“ Aber nichts dergleichen passierte. Er wartete und “trötete“ auf seinem kleinen Rufhorn. Zu Hause ist dies das Zeichen, dass es Fressen gibt, aber Panther kam nicht. Er wiederholte sein „Tröten“. Urplötzlich war Spurlaut zu vernehmen, welcher direkt auf ihn zukam und der nach kurzer Zeit sogar in giftigen Standlaut überging.

Im nächsten Moment sah der Hundeführer im Bestand rund 80 Meter von ihm entfernt eine leuchtend weiße Sau mit einigen schwarzen Flecken, auf den Keulen sitzen, attackiert von Panther. Was tun? Schießen ging nicht, denn der Hund war zu nahe am Stück. Er rief ihn - und siehe da, der Rüde ließ tatsächlich von der Sau ab. Dann schoss er, aber das Stück zeichnete nicht. Sofort war Panther wieder an der Sau. So hatte der Hundeführer “seinen Jungen“ nur selten in Aktion gesehen. Um die Sau nicht noch einmal hoch zu machen, pirschte der Jäger sich langsam bis auf etwa 15 Meter heran. Zudem konnte er jetzt auf den Hund besser Einfluss nehmen. Der Waidmann versuchte, ihn noch einmal abzurufen und es gelang für einen Augenblick. Er setzte dann den zweiten Schuss auf den Kopf des gescheckten Überläufers. Panther beutelte das schlegelnde Stück - für ihn ein prägendes Erlebnis. Wie sagten schon die Altvorderen: Das erste, was Stöberhunde zwischen den

Zähnen haben sollten, sind Sauborsten! Mit dem jungen Wachtelrüden an der Leine ging es zurück zum Wagen, wo der bereits wartende Ansteller dem Hundeführer mitteilte, dass ein anderer Schütze vor circa 20 Minuten einen Überläufer mit Brenneke beschossen hätte, einen “Schecken“, der aber mit der Rotte flüchtig abgegangen sei. Darauf bekam er die Antwort: Der liegt da hinten im Wald, den hat Panther gerade gestellt.“ Gemeinsam zogen sie zur erlegten Sau. Das Flintenlaufgeschoss hatte den Überläufer kurz vor dem Hinterlauf getroffen, doch ein Ausschuss war nicht vorhanden! Der erste Schuss des Hundeführers hatte einen Vorderlauf durchschlagen. Sein zweiter und tödlicher Schuss, saß zwischen Licht und Teller.

In Thüringen ist kürzlich bei einer Stöberjagd ein rein weißer “Geisterkeiler” gesichtet worden, der aber nicht zur Strecke kam. Ein Jagdfreund erblickte unlängst während einer Drückjagd in Mecklenburg-Vorpommern eine Rotte von zehn Sauen, von denen vier fehlfarbig (weißbunt-gescheckt) waren. Im selben Gebiet erlegte er einige Zeit später im Dezember einen Schecken-Keiler im Laufe eines nächtlichen Winteransitzes: Zuerst wechselte von hinten ein normalfarbiger, starker Keiler seine offene Kanzel an. Offenbar bekam das Stück aber Wind von dem reglos verharrenden Jäger, gab einen kurzen “Unmutslaut” von sich und weg war der Basse. Einige Zeit später zog von der Seite her nochmals ein Keiler durch den Bestand, der im Gegenlicht des Mondes als schwarze Silhouette in Anblick kam. Nun ließ der Waidmann die Kugel fliegen. Doch was dann lag, war ein völlig abgerauschter, etwa zweijähriger, gelblich-weißer Schecken-Keiler von (nur!) 46 Kilogramm, auf dessen Schwarte sich nun seine beiden Wachtelhunde Parus und Paul von Zeit zu Zeit behaglich rekeln.

Fehlfarbige Sauen sorgen immer wieder für Gesprächsstoff. Karl Snethlage berichtet in seinem Jagdbuch “Das Schwarzwild” (verfasst in den 1930er Jahren), dass er in Hinterpommern im Revier Pinnow im Süden des Kreises Neustettin nur einmal einen gescheckten Überläufer auf der Strecke gesehen habe. Fehlfarbige Sauen waren in dieser Region damals äußerst selten. In Niedersachsen (z. B. in der Lüneburger Heide), in Brandenburg und in Mecklenburg-Vorpommern liegen des öfteren gescheckte beziehungsweise fehlfarbige Sauen auf der Strecke. In Brandenburg kommen relativ häufig weiße Schecken vor, während in Niedersachsen gelblich-sandfarbene Schecken die Regel sind. Zudem kann die Häufigkeit des Auftretens von Jahr zu Jahr stark schwanken. Auch in Thüringen kommen fehlfarbige Sauen vor, sind dort aber selten, wie mir der Forstmann und Brackenzüchter Bernhard Zeiss mitteilte. Seiner Meinung nach kommen in einigen Schwarzwildpopulationen des osteuropäischen Raumes Farbanomalien relativ häufig vor. In östlichen Landesteilen Deutschlands sind sie auf Grund von Zuwanderungen deshalb wohl auch stärker vertreten, als im übrigen Bundesgebiet. Die Anlage dafür ist offenbar verdeckt (rezessiv) in den Genen vorhanden und schlägt immer wieder durch, wenn beide Elterntiere darüber verfügen. Deshalb führen normalfarbige Bachen mitunter weißbunte bzw. fehlfarbige Frischlinge oder fehlfarbige Bachen normal gefärbten Nachwuchs. Neben schwarzen Sauen gibt es rötlichbraun bis fuchsrot gefärbte, grauweiße, gelbliche und weiße Stücke, meist mit unregelmäßig über den Körper verteilten dunklen oder schwarzen Flecken und Platten. Mit Ausnahme führender Bachen sind fehlfarbige Sauen auf der Bewegungsjagd bevorzugt zu erlegen.

Man ist sich nicht sicher, ob das (gehäufte) Auftreten fehlfarbiger Sauen eventuell auch mit dem in alter Zeit üblichen Eintreiben von Hausschweinen in die Wälder (Waldweide) zu tun haben könnte und damit zumindest teilweise auf Hausschwein-Einkreuzungen zurückgeht. Norbert Happ hat recherchiert, dass zum Beispiel in den Kottenforst bei Bonn um 1705 noch "tausende von Hausschweinen" eingetrieben wurden. Aber dort kommen fehlfarbige Sauen heutzutage praktisch nicht vor, beziehungsweise äußerst selten "fuchsrote" in einem Revierteil des Kottenforstes in der Nähe von Meckenheim. Im Bereich der Ville, eines Höhenzuges westlich von Köln, kommen dagegen relativ häufig Sauen mit einer rötlichen Schwarte, heller Wurfscheibe und hellen Schalen zur Strecke. Auch hier wird auf solche Stücke bevorzugt Jagd gemacht.

Fehlfarbige Sau

Kurioses und Tragisches

Um gegen Drückjagden zu protestieren, hat ein Jagdgegner vor dem Rathaus von Zaberfeld bei Heilbronn eine Sau in einen Sarg gelegt. Obendrauf fand sich ein Zettel: “Waidmannsheil, Ihr Arschlöcher.” Als “Schwarzwildbestatter” stellte sich ein Arzt und Hobbyreiter heraus, der die Sau verendet gefunden hatte, mit zerschossenem Oberkiefer. Als Gegner der Drückjagd, bei der nur “geballert und gesoffen werde”, entschloss er sich zu dem rüden Protest. Nun fordert er von den Jägern als “Entschuldigung” eine Spende für den Tierschutz. Die zuständige Staatsanwaltschaft prüft nun zweierlei: Erstens, ob ein Vergehen gegen das Tierschutzgesetz vorliegt. Und zweitens, ob die Sau im Sarg einen Fall von Beleidigung darstellt.

JÄGER

Im Bundesforstrevier Halbendorf bei Bautzen bekam ein Jäger tagsüber ein Stück Schwarzwild in Anblick, dem der Unterkiefer fehlte und das bereits jede natürliche Scheu verloren hatte. Nach der Erlegung wurde klar: Die Überläuferbache war stark abgekommen und erblindetet, vieleicht eine Folge der Unterernährung. Aufgebrochen wog sie nur noch 28 Kilogramm. Der Lecker war noch vorhanden, die Wundränder völlig verheilt. Ein lange zurückliegender Gebrechschuss kommt als Ursache in Frage.

WILD UND HUND

In seinem Revier im Elbe-Elster-Kreis (Brandenburg) fand ein Pächter Ende Februar eine Bache (etwa 65 Kilogramm) mit ihren sechs Frischlingen (etwa 25 Kilogramm) - alle elendig ertrunken. Ihnen wurde ein zugefrorener Entwässerungsgraben zum Verhängnis, den sie überqueren wollten und dabei einbrachen. Obwohl der Graben kaum fünf Meter breit war, konnten sie sich nicht mehr befreien.

WILD UND HUND

Geschlechtslose Medaillen-Sau - Zwitter zeigt Zähne: Bei einer in Niederösterreich erlegten Sau mit respektablem Gewaff kamen beim Aufbrechen weder Pinsel noch Steine zum Vorschein. Die Harnröhre führte von der Blase zu einem verkümmerten Feuchtblatt. Ein Tierarzt bestätigte die Diagnose: Es handelte sich tatsächlich um einen Zwitter. Das sieben- bis achtjährige Stück wog aufgebrochen 90 Kilogramm. Die Länge der Gewehre lag bei beachtlichen 24,4 Zentimetern. Das Gewaff erreichte 119 internationale Punkte.

WILD UND HUND

Organisation ist alles: Nahe einem Wäldchen, das auf einen starken, dort kurz zuvor eingewechselten Keiler durchgedrückt werden sollte, meldete sich bei Ewald, dem Jagdherrn, ein gewisses Bedürfnis. Die Korona hielt kurz an. Derweil begab sich Ewald in das Innere einer Hecke. Kurz danach war sein Geschrei zu vernehmen. Rohrkrepierer? Nein, Schwarzwild! Aus strategisch im Wesentlichen zur Passivität verurteilter Position ordnete er lauthals an, die Hecke zu umstellen. Das war schnell erledigt und Ewald gab die Jagd frei. Auf weiteres Anblasen wurde angesichts der Situation und in Anbetracht des schon zuvor Gehörten verzichtet. Die Sau brach aus, und mit zwei zu gleicher Zeit angebrachten Blattschüssen zusammen. Einer der Jagdgäste brachte es auf den Punkt: 1. Wenn der Ewald sich löst, hält das keine Sau aus. 2. Jetzt leuchtet es jedem ein, wie es zu der Bezeichnung "Drück"-Jagd gekommen ist.

Leserbrief in WILD UND HUND

Im Forstrevier der Stadt Mayen (Eifel) meldeten im Dezember Spaziergänger dem zuständigen Förster eine zwischen den Bäumen festhängende Sau. Wie sich der etwa zweijährige Keiler in diese missliche Lage gebracht hatte, war nicht mehr nachzuvollziehen. Da alle Befreiungsversuche misslangen, und die Sau sich in ihrer Panik auch schon erheblich verletzt hatte, musste sie durch einen Fangschuss erlöst werden.

WILD UND HUND

Ende November fand in Oberschwaben eine Drückjagd auf Sauen statt. Die Jagd war sehr erfolgreich. Unter anderem wechselte eine starke Bache mit zwei starken Frischlingen einen Schützenstand an. Der Schütze, der sein Handwerk verstand, erlegte zuerst beide Frischlinge, bevor er auch der Bache die Kugel antrug. Die breit beschossene Bache zeichnete nicht und ging hochflüchtig ab. Wegen der rasch hereinbrechenden Dämmerung wurde die Nachsuche abgebrochen. Am nächsten Morgen fuhren der Nachsuchenführer und ein Begleiter auf der gegenüberliegenden Seite der Fichtendickung entlang, in die das Stück am Vorabend eingewechselt war. Dort lag nahe einer Waldwiese unter herabhängenden Fichtenzweigen etwas Schwarzes - die verendete Bache. Erst beim zweiten Hinsehen bemerkte man, dass sich neben der toten Bache noch ein zweites starkes Stück Schwarzwild eingeschoben hatte. Gestört durch das Fahrzeug, wurde dieses hoch. Es handelte sich um einen vielleicht dreijährigen Keiler. Dieser flüchtete aber nicht, sondern versuchte, durch Anstoßen mit seinem Wurf, die Bache zum Aufstehen zu bewegen. Schließlich bestieg er die Bache mit den Vorderläufen und bespritzte sie mit Urin. Erst als die Männer aus dem Wagen stiegen, suchte der Keiler das Weite.

WILD UND HUND

Das Vorkommen von Schecken in europäischen Schwarzwildrevieren ist oft beschrieben worden und hinlänglich bekannt. Ob ihre Existenz allerdings auf Kreuzungen mit Hausschweinen beziehungsweise verwilderten Artgenossen zurückgeht oder Mutationen Auslöser der Anomalien sind, bleibt eine offene Frage. Wesentlich seltener ist indes die sogenannte “Geisterfärbung”: Eine unvollständige Reproduktion der jugendlichen Wildzeichnung als mögliche Folge der Verpaarung fehlfarbener Ausgangspopulationen. Auf lokalen Störungen der Pigmentbildung in der Basalschicht der Oberhaut fußend, läßt sich diese Abnormität als individueller “Webfehler” während der Embryonalentwicklung erklären.

DJZ

In der Nähe der belgischen Stadt Malmedy, etwa 40 Kilometer von Aachen entfernt, sind in den letzten Jahren drei Keiler mit abnormen Waffen gestreckt worden. Der Stärkste hatte die unglaubliche Waffenlänge von 45 Zentimetern. Die Gewehre kreuzten sich bereits über dem Wurf der Sau.

WILD UND HUND

(Anmerk. d. Verf.: Dazu kann es kommen, wenn z. B. durch Gebiss-Fehlstellung oder Abbrechen der Haderer das für den Gewehrabschliff erforderliche "Widerlager" fehlt. In Rekordlisten werden solche Keiler-Gewaffe jedoch nicht berücksichtigt.)

Elf Stücke Schwarzwild sind im Marburger Stadtwald-Viertel auf grausige Weise ums Leben gekommen: Die Rotte flüchtete aus bisher ungeklärten Gründen vom Wald ins Wohngebiet, übersprang dabei eine Mauer, die auf der anderen Seite fünf Meter in die Tiefe führte. Ein Anwohner meinte, Schüsse gehört zu haben. Es war zu diesem Zeitpunkt aber keine Drückjagd angesetzt, kein Jäger im Revier, und auch eine nahegelegene Schießanlage hatte geschlossen.

JÄGER

Beim Kirren stolperte ein Jäger über eine gut erhaltene US-Handgranate aus dem 2. Weltkrieg. Sauen hatte in dem sauerländischen Revier nachts gebrochen und sie aus Lehm und Geröll ans Tageslicht befördert. Man stelle sich das Gesicht des Grünrocks vor, wenn einige tote Sauen an der Kirrung gelegen hätten, weil die Granate durch die Stöße inmitten der Rotte detoniert wäre. Die örtliche Polizei verständigte den Kampfmittelräumdienst, der den Fund entsorgte.

WILD UND HUND

Ein reifer Keiler folgte einer Wandergruppe, die auf einem Weg der Zollern-Alb in Richtung Geislingen unterwegs war. Der 100-Kilo-Basse spazierte bis ins Stadtgebiet den Menschen hinterher und musste dort von einem herbeigerufenen Jäger erlegt werden - es lag der Verdacht einer Erkrankung vor. Später stellte sich heraus, dass der Keiler zwei Tage zuvor seinem Halter aus dem Gehege entwichen war.

JÄGER

Auf dem Revier-Rundgang fand sich eine Schwarzwildfährte mit viel Schweiß. Nach 150 Metern stand der Jäger an einem verendeten Überläuferkeiler. Aus der linken Flanke, unmittelbar vor den Hinterläufen ragte ein Holzpflock von rund zehn Zentimetern Durchmesser heraus. Die Rekonstruktion des Unfalls ergab: Der Überläufer war auf einem Felsvorsprung abgerutscht und fünf Meter in die Tiefe gefallen. Beim Aufprall wurde er von einem aufrecht stehenden Ast durchbohrt. Der Keiler wog aufgebrochen 37 Kilogramm.

JÄGER

Ende November schaute ein Ladenbesitzer in Chemnitz nicht schlecht, als ein Wildschwein sein Geschäft betrat. In Panik flüchtete er auf die Straße und rief die Polizei. Ein Beamter war schnell zur Stelle und erlegte den Schwarzkittel mit einem Schuss aus der Dienstpistole. Zwischen zwei Kleiderständern verendete der unliebsame Gast. Wie die Polizei vermutete, war die Wildsau aus dem nahen Wald gekommen und nach einem Zusammenstoß mit einem Auto in den Laden geflüchtet.

WILD UND HUND

Nahe dem flämischen Mariaroth erlegte ein belgischer Jungjäger einen Überläufer auf drei Läufen. Ob der linke Vorderlauf abgemäht oder abgebissen - eventuell sogar abgeschossen - worden ist, war nicht mehr zu erkennen, die Verletzung war völlig abgeheilt.

JÄGER

Wie wichtig die Trichinenschau bei Sauen ist, zeigt ein zweiter, 2005 in Mecklenburg-Vorpommern aufgetretener Fall: Im August vergangenen Jahres wurden bei einer auf der Insel Usedom erlegten Bache Trichinen gefunden. In hundert Gramm Muskelgewebe wurden 7.500 Trichinen nachgewiesen.

WILD UND HUND

Beim nächtlichen Ansitz auf Schwarzwild im sächsischen Landkreis Stollberg erlegte ein Jäger einen Bassen. Am Stück dann die schreckliche Überraschung: Der Keiler litt unter einem alten Gebrechschuss. Keine Gewehre, der Unterkiefer zerschlagen, der Lecker zur Hälfte abgeschossen! Der Keiler war sehr stark abgekommen, weil er mit der Verletzung so gut wie keinen Fraß mehr aufnehmen konnte.

JÄGER

In einem tschechischen Revier ist ein Frischling mit einem fünften Lauf tot aufgefunden worden. Die auf den ersten Blick normal entwickelte Sau trug zwischen ihren Vorderläufen einen verkrüppelten dritten Vorderlauf. Eine seltene Anomalie!

JÄGER

Rund 25.000 Stück Schalenwild verenden pro Jahr nach Kollisionen mit Kraftfahrzeugen auf Deutschlands Straßen. Hinzu kommen noch etwa 220.000 Hasen oder ähnliches Kleinwild. Dabei wird jährlich Wildbret für acht Millionen Euro vernichtet. Aber auch für den Menschen droht Gefahr: rund 2.500 Verkehrsteilnehmer werden jährlich bei Wildunfällen verletzt, 50 getötet. Der Sachschaden, der von den Versicherungen reguliert werden muss, beträgt rund 425 Millionen Euro.

JÄGER

Ein Mann gab an, er sei mit einer Wildsau kollidiert und in den Straßengraben gefahren. Den Schaden von fast 10.000,- Euro sollte seine Versicherung ersetzen. Sie ließ das Fahrzeug untersuchen und stellte fest: Die an der Front klebenden Tierhaare hatten keine Wurzeln, waren von einer Schere abgeschnitten worden und mit Chlor präpariert. Der Mann ging leer aus und muss sich wegen Betrugs verantworten, so das Landgericht Zwickau.

JÄGER

Ein Pilzsammler hatte Mitte September 2006 einen verwesten Schädel im Wald entdeckt. Darauf startete die Polizei die Suche nach weiteren Leichenteilen. Wildschweine hatten im Waldboden gewühlt, die Leiche freigelegt und den Kopf rund 20 Meter weit verschleppt.

Meldung im Internet

Lüneburg. Im Rahmen einer durchgeführten Treibjagd wurde am 3. Dezember 2006, gegen 9:30 Uhr im Biosphärenreservat "Alter Haken" in Wehningen im Uferbereich der Elbe (an einem der besten Quappen-Angelplätze der Region) ein teilmumifizierter und (u.a. durch Wildschweine) teilskelettierter weiblicher Leichnam aufgefunden. Bislang konnte die Tote noch nicht identifiziert werden. Die Todesursache ist noch ungeklärt.

Meldung im Internet; ergänz. mündl. Mitteilungen

Der Überraschungskeiler

Mitunter benimmt sich das Schwarzwild laut und ungehobelt wie eine "Rockerbande". In einem Eifelrevier mit gutem Rotwild- und Sauenbestand konnte ich vor einiger Zeit beobachten, wie eine starke Rotte an der Kirrung ein dort bereits stehendes Rotwildrudel kurzerhand abdrängte. Die Sauen zogen in einer kompakten "Schlachtordnung" in Keilformation vom Waldrand heran. Dabei zogen die stärksten Stücke an der Spitze des kleinen "Heerzuges", während Überläufer und Frischlinge den Keil mit "Masse" ausfüllten und die Flanken sicherten. So zogen die Sauen stur und unaufhaltsam auf das Zentrum der Kirrung zu und dabei mitten ins äsende Rotwildrudel hinein. Zuerst reagierte das Rotwild mit Gegenwehr: Mehrfach schlugen die Tiere mit den Vorderläufen beziehungsweise ihren scharfkantigen Schalen nach den dreisten Schwarzkitteln. Doch einer derart geballten Ladung an Zielstrebigkeit und Frechheit hatten die Vertreter der Gattung *Cervus elaphus* schon bald nichts mehr entgegenzusetzen. Einzelne starke Bachen starteten ein paar geräuschvolle Gegenattacken, andere Sauen zogen einfach unbeeindruckt weiter. Damit war die Sache aus der Sicht der "*Sus-scrofa*-Fraktion" recht schnell geklärt: Sieg auf der ganzen Linie für die Schwarzen! Während die Sauen sich nun breit machten, wurden sie in gebührendem Abstand vom offenbar reichlich konsternierten Rotwild noch einige Zeit missmutig beäugt, dann zog das Rudel endgültig ab und überließ das Feld der dreisten Bande.

Wenn Saurotten im Wald anrücken, geschieht dies nicht selten recht geräuschvoll. Schreckendes Rehwild ist oft ein erstes Indiz. Und irgendwann sind die Sauen zu vernehmen: Dann knacken Äste, es wird zwischendurch hier und da gebrochen, Frischlinge tragen geräuschvoll kleinere Auseinandersetzungen aus - mit anderen Worten: Das herannahende Schwarzwild kündigt sich dem wartenden Jäger oftmals deutlich an. Es kann aber auch ganz anders zugehen, denn das Schwarzwild schleicht mitunter „wie auf Filzpantoffeln" durch eine Dickung und ist selbst im zügigen Troll mitunter so leise wie eine Maus.

In solchen Fällen ist der Jäger immer wieder verblüfft, dass sich eine massige Sau im Wald nahezu geräuschlos fortbewegen kann. Man hört fast nichts - doch urplötzlich ist sie da.

Mitte April saß ich in einer Vollmondnacht auf einer Kanzel an einem dicht bewaldeten Ahrtalhang. Vor der Ansitzeinrichtung breitet sich eine dornig zugewachsene Lichtung aus. Etwa 40 Meter von der Kanzel entfernt verläuft dort parallel im Hang ein gut frequentierter Schwarzwildwechsel, der an einer kleinen Suhle vorbeiführt. Die Sauen haben sich dort ein nasses Loch zu einer kleinen „Sitzbadewanne" vergrößert und im Umfeld einige Mahlbäume mit hellbraunem Lehm verziert. Von der Kanzel aus führt eine enge, grasbewachsene Schneise hinunter zum Wildwechsel.

Der Überraschungskeiler

Das Ganze hat damit von oben gesehen quasi eine “T-Form“. Die einzige Crux: Die Blöße, innerhalb der ein ziehendes Stück am Ende der grünen Schneise auf dem Wechsel frei wird, ist nicht sehr groß.

Gegen 0:30 Uhr vernahm ich ein leises Rascheln! Waren das Mäuse? Angestrengt lauschte ich aus dem Kanzelfenster in den Wald hinaus. Irgendwann knackte links von mir im Bestand nochmals leise ein Ast. „Sauen!“, schoss es mir durch den Kopf, denn von der Zeit her konnte das passen. Um 1:00 Uhr legte ich mein Nachtglas zur Seite, denn ich ging davon aus, dass mir nicht sehr viel Zeit bliebe, wenn unten auf der grünen “T-Kreuzung“ mit einem Mal eine Sau auftauchen würde. Also nahm ich meine Büchse hoch, aktivierte am Zielfernrohr den roten Punkt, dimmte das Leuchtabsehen noch etwas herunter, schob den Spannschieber nach vorne und backte an. Es war kein weiterer Laut mehr zu vernehmen. War das Wild noch in der Nähe? Ich peilte angestrengt durch das Zielfernrohr. Der Vorderschaft meines Geradezugrepetierers ruhte auf dem breiten Neoprenteil des Gewehrriemens und zudem auf meinem zusammengelegten Jagdhut wie auf einer dicken Filzunterlage auf der Brüstung des Kanzelfensters. Plötzlich zog von links völlig geräuschlos ein einzelner “starker Frischling“ in das Zentrum der Blöße. Das Stück verhoffte einen Moment lang genau im Kreuzungspunkt des Wildwechsels mit der schmalen, hangabwärts verlaufenden Schneise. Der Vollmond beleuchtete die Szenerie. Der schwach glimmende Leuchtpunkt des Absehens 56 fuhr in der Verlängerung der Vorderläufe hochblatt auf den Wildkörper. Dann verließ das 11 Gramm schwere .308 Win.-Projektil fauchend den Lauf der Büchse. Die Sau musste sich im Schuss offenbar nach links in die Dickung geworfen haben, denn dort hörte ich es nun hangabwärts mehrfach krachen. Zur Kontrolle griff ich zum lichtstarken Nachtglas: Die Bühne war leer, aber ich war mir sicher, gut abgekommen zu sein.

Nach einiger Zeit baumte ich ab, mit einer starken Taschenlampe und mit meiner Repetierbüchse bewaffnet. Am Anschuss fanden sich keine Pirschzeichen, kein Schweiß - nichts! Aber durchdringende Sauwittrung stand hier in der Luft. Es war zu vermuten, dass die beschossene Sau vom

Wechsel aus geradewegs hangabwärts geflüchtet war. Doch in der direkten Fluchtlinie konnte man wegen des schier undurchdringlichen Dornenfilzes nicht vorankommen. Also beschloss ich, erst einmal nach rechts und dann hangabwärts die Dickung zu umschlagen. Vielleicht gab es dort unten Schweiß oder andere Pirschzeichen. Ich umschlug also das kleine Dickicht und leuchtete nun mit der Lampe das Gebiet ab, in dem ich die Fluchtfährte des „Frischlings“ vermutete. Mit einem Mal traf mich fast der Schlag: Der Lichtkegel fiel auf ein rabenschwarzes, massiges Borstentier. Mausetot! War das denn meine Sau? Mit ein paar Sätzen war ich am gestreckten Stück. Es war noch warm. Natürlich war das meine Sau. Aber was hier am Dickungsrand im Buchenlaub lag, war in keinster Weise ein "starker Frischling“ - sondern ein schwarzer Keiler von fast zwei Zentnern. Das schnell ansprechende TMR-Geschoss hatte die rechte Blattschaufel des Bassen durchschlagen und war im Bereich des linken Blatts innen steckengeblieben. Zumindest gab es keinen Ausschuss. Die Geschossenergie von grob geschätzten 3300 Joule hatte sich vollständig im Wildkörper "ausgetobt“. Ich war zunächst absolut verblüfft über die Stärke dieser Sau. Daraus zog ich die erste Lehre dieser Vollmondnacht: Nämlich die, dass eine nächtliche „Schnellansprache“ durch die Zieloptik zweifelsohne Risiken birgt. Ins Visier genommene Sauen, die man vorher nicht näher taxiert hat, wirken im Dunkeln (z. B. bei 2,5- bis 3-facher Vergrößerung) mitunter um einiges kleiner, als sie in Wirklichkeit sind.

Damals waren im besagten Revier tatsächlich abgeschlagene Frischlinge unterwegs, von denen ich einige Tage zuvor bereits zwei erlegen konnte. Daher war ich bei dem einzeln ziehenden Stück in jener Nacht auch dem Fehlschluss unterlegen, es müsse sich wieder einmal um eine abgeschlagene kleine Wutz handeln. Ich kann Diana nur dankbar sein, dass sie mir einen Keiler schickte - und keine führende Bache, mit denen man im April ja auch rechnen muss. Ich hätte ganz sicher nicht geschossen, wenn ich gewusst hätte, wie stark das Stück ist. Und zudem kann ich froh sein, dass dieser Keiler wirklich einen tödlichen Schuss hatte und in der Fluchtfährte rasch verendet ist. "Der hätte Sie töten können“, dozierte später einer der Jagdgenossen - und er hatte Recht.

Ein Nachbar alarmierte einige Tage später ganz aufgeregt meine Frau, unsere Hunde hätten im Garten eine Amsel “gerissen“. Er stand am Gartenzaun und deutete auf den zerzausten schwarzen Gegenstand, den sie stolz im Maul umhertrugen. Bei näherer Inaugenscheinnahme stellte sich das “ominöse schwarze Ding“ jedoch als abgeschärfter rechter Teller des besagten Keilers heraus. Das “Sauöhrchen“ war nämlich kurzzeitig zum Lieblingsspielzeug unserer vierläufigen Hausgenossen aufgestiegen.

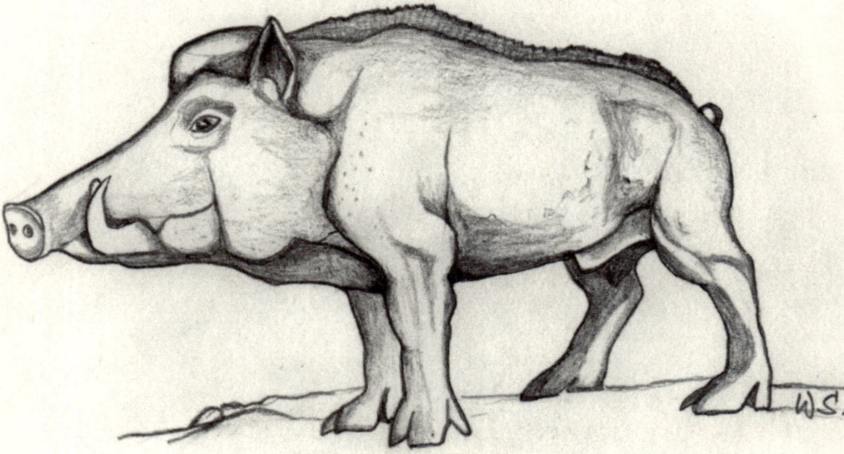

Keilerstandbild in Brandenburg im Wildpark
Johannismühle bei Klasdorf (Baruther Urstromtal)

Jagdunfälle bei der Saujagd

Von einem Auto aus schoss ein österreichischer Jäger im Burgenland auf ein vermeindliches Stück Schwarzwild. Er traf dabei einen 20-jährigen Soldaten tödlich, der an einer nächtlichen Gefechtsübung des Bundesheeres teilnahm. Nun muss der Unglücksschütze mit einer schweren Strafe rechnen.

JÄGER

Wegen fahrlässiger Tötung verurteilte das Amtsgericht Hadamar einen Jäger zu einer Geldstrafe von 9000,- Euro. Der Jagdteilnehmer hatte im Januar vergangenen Jahres bei einer Treibjagd im Westerwald einen 65-jährigen Beständer tödlich verletzt, als er ein Stück Schwarzwild erlegen wollte, sein Ziel jedoch verfehlte. Vermutlich hatten sich die beiden Jäger nach Einnahme der Stände nicht durch Handzeichen oder Rufe verständigt, wie es (nicht nur) in unübersichtlichem Gelände unabdingbar ist.

PIRSCH

Ein tragisches Ende nahm eine Drückjagd in der Nähe von Malchin in Mecklenburg-Vorpommern. Kurz nach dem Anblasen traf ein 44-jähriger Schütze beim Schuss auf ein Stück Schwarzwild einen 65-jährigen Jagdfreund auf dem Nachbarstand. Der verstarb wenig später im Krankenhaus. Die Staatsanwaltschaft ermittelt.

JÄGER

Ein Jäger aus Hamburg ist vom Amtsgericht Parchim wegen fahrlässiger Tötung zu einer sechsmonatigen Freiheitsstrafe auf Bewährung verurteilt worden. Der 41-jährige hatte bei einer Jagd auf Schwarzwild in ein Rapsfeld hineingeschossen und auf der gegenüberliegenden Seite einen 52-jährigen Jagdkollegen tödlich getroffen. *JÄGER*

Wegen des Todesschusses auf einen 67-jährigen Mitjäger standen in Schwerin Vater und Sohn vor Gericht. Das Schweriner Amtsgericht fällte ein deutliches Urteil und ging weit über den Antrag der Staatsanwaltschaft hinaus. Die beiden Jäger wurden wegen fahrlässiger Tötung zu Freiheitsstrafen von 15 und 12 Monaten auf Bewährung verurteilt. Daneben verurteilte sie das Gericht zu hohen Geldbußen. Es ging um eine Schwarzwildjagd an einem abzuerntenden Feld, bei der im Juli 2003 der jüngere der beiden Angeklagten den 67-jährigen Mitjäger erschossen hatte. Der mitangeklagte Vater war damals bei der Saujagd im Kreis Parchim der verantwortliche Jagdleiter. Dabei vernachlässigte er nach Ansicht der Richter seine Pflichten grob. Als Jagdleiter habe er die Mitjäger nicht auf die Unfallverhütungsvorschriften hingewiesen, sie weder belehrt noch die Positionen aller Jagdteilnehmer bekannt gegeben. Darüber hinaus habe er seinen Sohn angewiesen, bei Austritt des Wildes in eine schmale Schneise zu schießen. Dem Sohn warf das Gericht vor, sich vor der Abgabe der verhängnisvollen Schusses nicht vergewissert zu haben, dass keine andere Person im Schussfeld gefährdet sei. Er hatte vom Dach eines geparkten Traktors aus geschossen. Der vorsitzende Richter kam zu dem Schluss, dass sich beide als ungeeignet für die Jagdausübung erwiesen hätten.

DJZ

Im Odenwald nahe Michelstadt ist bei einer Jagd auf Schwarzwild ein Jäger am Kopf getroffen und schwer verletzt worden. Der Verletzte ist vermutlich von einem Querschläger getroffen worden. Bei einer weiteren Jagd rutschte ein Treiber aus und stürzte in sein eigenes Messer.

JÄGER

Es lohnt sich, bei der Jagd einmal genauer hinzusehen. Wer zum Beispiel, wie ein Jäger aus der Pfalz, einen Hund mit einem Stück Schwarzwild verwechselt und beherzt fliegen lässt, der hat vor Gericht einen schweren Stand. Im konkreten Fall entzog die Jagdbehörde dem Mann seinen Jagdschein und verhängte eine Sperre für die Wiedererteilung. Dieses Vorgehen wurde auch anschließend vor dem Amtsgericht Neustadt (Az.: 4 K 758/06) bestätigt.

JÄGER

Mitte September ist in den Tübinger "Kuhwiesen" ein Treiber durch einen Schuss in den Oberschenkel verletzt worden. Das geschah bei einer Drückjagd an einem Maisfeld: Als eine Sau die Deckung verließ, schoss eine Jägerin, verfehlte aber ihr Ziel. Vermutlich als Querschläger traf das Projektil den Treiber.

JÄGER

Seinen neun Jahre alten Neffen hat ein Bauer in der türkischen Provinz Kayseri erschossen. Der 40-jährige taubstumme Unglücksschütze hatte am Rande eines Kichererbsenfeldes eine Bewegung gesehen und anvisiert, da er glaubte, ein Stück Schwarzwild vor sich zu haben. Der Mann wurde in Haft genommen.

JÄGER

Nahe einer Landstraße in Brandenburg stellten zwei Jäger an einem Maisfeld den Sauen nach. Dabei traf ein Schuss ein vorbeifahrendes Auto. Das Projektil durchschlug die Beifahrertür und blieb in der Hutablage stecken. Nun untersucht die Polizei die Waffen. Dem Schützen droht der Entzug von Jagdschein und Waffenbesitzkarte.

JÄGER

Tragisch endete die Schwarzwildjagd dreier Jäger Mitte Oktober an einem teilweise abgeernteten Maisacker im erzgebirgischen Kreis Annaberg (Sachsen). Ein 50-jähriger Mann streckte zunächst eine Sau, dann erschoss er seinen 42-jährigen Jagdfreund, der hundert Meter weiter postiert war. Der Jäger starb noch am Unfallort. Vermutlich hat der Unglücksschütze bei einsetzender Dämmerung seinen Mitjäger übersehen. Die Staatsanwaltschaft ermittelt nun wegen fahrlässiger Tötung. Maisjagden sind erfahrungsgemäß sehr gefährlich.

DJZ, JÄGER

Wiederholt war der Landwirt beim Jagdpächter vorstellig geworden und hatte ihm sein Leid geklagt, ob des "Tohuwabohu", das die Sauen mehrfach in seinen Kartoffelfeldern angerichtet hatten: "Wenn ihr hier nicht bald Abhilfe schafft und dazwischenhaltet, dann brauche ich nicht mehr zu ernten!” Es ist Mitte Oktober. Ein Mitjäger hat Zeit zum Ansitzen und besteigt den Hochsitz am Kartoffelfeld kurz nach 21 Uhr. Es ist abnehmender Mond. Das Schwarzwild liebt die hellen Mondnächte nicht und hält sich gerne etwas bedeckt im Mondschatten. Kurz nach 22 Uhr wechselt von der Straßenseite her eine Rotte Sauen an. Vorsichtig ziehen sie ins Feld. Langsam kommen die Sauen näher und näher. Fast reicht es für einen Schuss. Mit einem Mal verhoffen sie. Irgendetwas müssen sie mitbekommen haben - ein deutliches Schnauben und Blasen ist zu hören und ab geht die ganze Gesellschaft in den rechts gelegenen Wald. Die Bühne ist leer. Jetzt heißt es erneut zu warten. Kurz vor Mitternacht glaubt der Jäger von der Straße her wieder eine Bewegung wahrzunehmen. Es scheint ein einzelnes Stück Schwarzwild zu sein, das an der Grabenkante auf ihn zuwechselt. Tatsächlich - immer dichter schiebt sich der schwarze Klumpen auf der breiten Seitenkante des Grabens heran. Als das vermeintliche Stück kurz verhofft, läßt er fliegen. Schlagartig bricht der schwarze Klumpen zusammen. Den Jäger hält es nicht mehr auf dem Hochsitz. Schnell steigt er die Leiter herab, um im Schein der Taschenlampe seine Beute in Anblick zu nehmen. Der Schock und das Entsetzen, die Angst und die Reue des Unglücksschützen sind unvorstellbar und nicht zu beschreiben, als er sieht, was er angerichtet hat: In Soldatenuniform liegt erschossen ein junger Mann vor ihm. Was war passiert? In der etwa zehn Kilometer entfernten Kaserne war war im Rahmen des Herbstmanövers ein Nachtmarsch angesagt worden. In Tarnkleidung und mit Sturmgepäck war es Aufgabe der Rekruten, in der Dunkelheit einen bestimmten Sammel- und Zielpunkt anzusteuern. Dabei sind Querfeldeinmärsche nichts Außergewöhnliches. Der Soldat ging auf der tief herabreichenden, grasbewachsenen Grabeninnenkante, wie die Kriminalpolizei später feststellen konnte. So war die Größe der menschlichen Gestalt sozusagen auf Tiergröße reduziert. Dass sich hier ein Mensch aufhalten könnte, war dem Jäger überhaupt nicht in den Sinn gekommen. Er hatte fest mit einem Stück Schwarzwild gerechnet, zumal die Rotte vorher genau diesen Wechsel genommen hatte. Merke: Die Jagd bei Dunkelheit birgt große Gefahren in sich. Mitunter wird eine Person als vermeindliches Wild angesprochen und es kommt zu Unfällen mit fürchterlichem Ausgang.

Darum immer an das oberste Gebot denken (s. Jagdschein): "Niemand darf einen Schuss abgeben, bevor er das betreffende Stück Wild nicht genau angesprochen (erkannt) hat". Die nächtliche Jagd auf Sauen scheint für derartig schlimme Jagdunfälle geradezu prädestiniert zu sein. Vielfach liegt es auch daran, dass - so wird vermutet - auf keine andere Wildart so schnell und so unüberlegt geschossen wird, wie auf Schwarzwild. Vor allem in der Dunkelheit ist beim geduckten oder kriechenden Anpirschen die Gefahr recht groß, von einem anderen Schützen für ein Stück Schwarzwild gehalten zu werden. Absprachen vor der Jagd (und ggf. vor Ort per Handy) und deren genaue Einhaltung (!) sind bei der Jagd auf Sauen daher besonders wichtig. Ferner weist eine kleine Lichtquelle nachts sofort auf einen Menschen hin, wenn der Jäger zum Ansitz geht oder zum Auto abwechselt. Auch für Rekruten bei Nachtmärschen könnte dies ein wirksamer Schutz sein.

Von Karl Schulte Wess, JÄGER 7/2005 (v. Verf. gekürzt u. teilweise ergänzt)

Keltische Keilerdarstellung aus Schottland

Drei alte Jägerverse:

Achte des Waidmanns heilig' Gebot.
Was Du nicht kennst, das schieße nicht tot.

Jägers schlimmste Eigenheit ist der Leichtsinn und der Neid.

Ist die Kugel aus dem Lauf, hält kein Teufel sie mehr auf.

Tief gegrunzt

10. Januar 2007. Dieser nicht ganz alltägliche Jagdtag war stürmisch und zudem ungewöhnlich mild. Die Lufttemperatur betrug 14 Grad Celsius. Am morgendlichen Treffpunkt wurde über das laue "Frühlingslüftchen" gescherzt. Keiner konnte sich erinnern, solche Drückjagd-Temperaturen Anfang Januar schon jemals erlebt zu haben. Die Wetterdienste sprachen später auch vom "wärmsten Januar aller Zeiten", denn seit es hierzulande Wetteraufzeichnungen gibt, hat man vergleichbar milde Wintertemperaturen noch nicht gemessen.

Neben dem Jagdschein wurde der "Übungsnachweis für Bewegungsjagden" kontrolliert. Die Einführung dieser hellgrünen Karte, ohne die man an Drückjagden des Bonner Forstamtes nicht teilnehmen darf, hatte anfangs bei manchen Jägern für Irritationen gesorgt. (Disziplinen: 1. Laufender Keiler von rechts, Schussentfernung 50 m, stehend freihändig drei Schüsse; 2. Laufender Keiler von links, Schussentfernung 50 m, stehend freihändig drei Schüsse; 3. Rehbockscheibe stehend, Schussentfernung 50 m, stehend freihändig zwei Schüsse; ferner: Sichere Waffenhandhabung auf dem Stand. Die erreichbare Gesamtpunktzahl beträgt 80 Punkte. Mindestens 35 Punkte sowie die nachgewiesene sichere Waffenhandhabung werden zur Teilnahme an den Drückjagden vom Forstamt als gültig akzeptiert.) Wer regelmäßig auf den Schießstand geht, in einer Stöberhundgruppe aktiv ist oder sowieso von Zeit zu Zeit auf laufenden Keiler beziehungsweise im Schießkino trainiert, für den ist ein jährlich zu erneuernder Nachweis der Schießfertigkeiten kein Thema. Schießen und Treffen ist bekanntermaßen zu einem gehörigen Teil "Handwerk" und damit reine Übungssache. Gute Schüsse kommen auf der Jagd der Kreatur (möglichst schneller und schmerzloser Tod), der Wildbretqualität und der allgemeinen Sicherheit zu Gute. Das Bonner Forstamt formulierte es so: "Der sichere und professionelle Umgang mit der Waffe trägt im besonderen Maße zur tierschutzgerechten und damit waidgerechten sowie unfallfreien Jagdausübung bei."

Kehren wir nun zur Sicherheitsbelehrung und zur Freigabe ins Revier zurück. Der Forstamtsleiter, welcher mit rund 1,96 Meter zu den "langen Kerls" gehört, brachte seinen legendären Kalauer über die ungefähre Größe der von ihm freigegebenen Fünfzig-Kilo-Sauen: "Schwarzwild bis fünfzig Kilogramm ist frei. Das wäre bei mir in etwa Kniehöhe und bei ihm dann ungefähr so hoch." Er deutete dabei auf eine Stelle deutlich oberhalb der Knieregion des zuständigen Revierleiters. Dieser etwas flapsige Vergleich zeitigte allgemeine Heiterkeit im Halbrund der Jagdkorona. Ferner wurden ältere Keiler (über 80 Kilogramm), weibliches Rehwild, Kitze und Fuchs freigegeben. Beim abschließenden Hinweis, dass natürlich auch alles sichtbar und eindeutig kranke Wild zu erlegen sei, fehlte nur noch der Nachsatz, dass mit "krank" aber weder "depressive Bachen", noch "Sauen mit anderen Formen psychischer Erkrankung" gemeint sind.

Der anstellende Forstmann, dessen Gruppe ich im ersten Treiben zugeteilt war, brachte mich kurz darauf zum Stand. Es handelte sich um eine hohe Drückjagd-Scherenleiter in einem Altholz. Es war der Stand mit der Nummer 16. In der Hauptblickrichtung links von mir verlief ein Dickungsstreifen mit dichtem Laubholzaufwuchs und Brombeeren. Nicht weit entfernt führt eine Autobahn vorbei und sorgte für eine nicht besonders heimelige Geräuschkulisse. Dem Wild machen Autobahngeräusche nichts aus, solange es ansonsten Ruhe hat und die erforderlichen Biotopstrukturen (Deckung, Äsungsflächen, Suhlen usw.) vorhanden sind. Aber etwas anderes kam mir in den Sinn: Wenn Sauen (und anderes Wild) bei der Jagd unter Druck geraten, dann nehmen sie gerne sogenannte "Dunkelbrücken" an. Dies bedeutet, dass sie bei einer Bewegungsjagd oftmals Wechsel bevorzugen, die innerhalb eines mehr oder minder dichten Bewuchses liegen und daher im Gegensatz zu Freiflächen oder lichten Waldbereichen mehr Deckung bieten. Da die neben mir verlaufende Dickung kaum Einblicke bot, war ich anfangs etwas skeptisch, was dieser Stand und das erste Treiben von 9:00 - 11:30 Uhr wohl bringen würden. Falls das Wild nur innerhalb des breiten Dickungsstreifens ziehen sollte, dann würde es relativ schwierig werden.

Es kam jedoch völlig anders! Um 8:50 Uhr wechselten rechts, weitab der Leiter, zwei Stücke Rehwild zügig durch das Buchenaltholz. Gegen 9:30 Uhr trat aus dem Dickungsstreifen links hinter mir eine schwarze Bache mit drei starken Frischlingen aus. In typischer Weise verhofften sie kurz, sicherten - und gaben dann "Gas". Den letzten Frischling konnte ich auf rund 25 Meter Schussentfernung erlegen. Der Rest der kleinen Rotte bog nun in einer scharfen 90°-Kurve nach links ab und entkam hochflüchtig in den nahen Dickungsstreifen. Am Ende der schweißgetränkten kurzen Todfährte lag die schlegende braune Wutz mit einem Kammerschuss im Buchenlaub. Um 9:35 Uhr hatte ich im Altholz einen auffallend hell gefärbten Fuchs in Anblick: Zu weit entfernt und zu schnell. Etwa zehn Minuten später wechselte plötzlich ein zweiter "Birkfuchs" - es könnte auch derselbe gewesen sein - hinter meiner Drückjagdleiter aus der Dickung und lag kurz darauf im Knall. Doch es kam noch besser: Keine fünf Minuten, nachdem der Pulverrauch verzogen war, wechselte vor mir im Altholz ein einzelner, strammer Frischling an.

Vor längerer Zeit hatte mir ein Jagdaufseher geschildert, wie er im Morgengrauen auf einem Getreidefeld längs einer Fahrspur eine im Gebräch stehende Schwarzwildrotte anpirschte. Als er das Gefühl hatte, dass die Sauen plötzlich unruhig wurden und offenbar irgend etwas spitzbekommen hatten, imitierte er - einer Eingebung folgend - ein paar tiefe Grunzer, wie die Leitbachen sie bisweilen verlauten lassen. Daraufhin setzten die Sauen offenbar im Glauben, andere Borstentiere seien in der Nähe unterwegs, ihre Mahlzeit im milchreifen Weizen umbekümmert fort. Es gelang ihm auf diese Weise tatsächlich, ein schwaches Stück aus besagter Rotte zu erlegen. Diese Anekdote kam mir just in den Sinn, als gegen 9:50 Uhr dieser einzelne, offenbar von seiner Rotte abgesprengte Frischling weit vor mir in Anblick kam. Das Stück war im zügigen "Schweinchentroll" bald auf etwa 100 Meter herangekommen. Es machte einen suchenden und zugleich etwas verwirrten Eindruck. Ich legte meine Waffe beiseite, formte mit beiden Händen einen Schalltrichter und schickte einen kurzen tiefen Grunzlaut in Richtung der Sau. Das verfehlte nicht seine Wirkung: "Wupp" - der gut genährte 32-Kilo-Frischling, der gerade eben noch im Begriffe war, im nahen Dickungsstreifen unterzutauchen, verhoffte augenblicklich und sicherte in meine Richtung. Offenbar in der Hoffnung, endlich seine Rotte wiedergefunden zu haben, wechselte er mich Augenblicke später tatsächlich schurstracks an. Ich ließ noch ein paar weitere tiefe Grunzer verlauten. Dann griff ich zu meiner Büchse und backte an. Als die "herangerufene" Sau auf etwa 60 Meter noch einmal kurz verhoffte und breit stand, ließ ich das 9,3x62-TMR-Projektil fliegen. Der stämmige braune Frischling lag im Knall. Kurze Zeit später erschien ein spurlauter Jagdterrier auf der Fährte der erlegten Wutz, beutelte das erlegte Stück und lief dann weiter.

Um 10:00 Uhr griff ich zum Mobiltelefon und wollte meiner Frau kurz berichten, doch dazu kam es nicht mehr. Durch das Altholz wechselten von rechts schon wieder Sauen an. Diesmal eine größere Rotte: Eine starke Leitbache, mehrere Überläufer und acht bis neun braune Sauen der "30-Kilo-Klasse". Ich fuhr mit der Büchse mit. Der erste Schuss richtete nur Flurschaden an. Beim Zweiten zeichnete der beschossene Frischling deutlich. Die Sau versuchte zwar noch, ihrer Rotte zu folgen, doch dann hörte man es im Gehölzaufwuchs krachen. Mutmaßlich lag sie irgendwo im Randbereich des Dickungsstreifens, knapp außerhalb meines Sichtfeldes. Um 10:15 Uhr, 10:31 Uhr und um 10:42 Uhr kam flüchtiges oder weit entfernt ziehendes Rehwild in Anblick. Ungefähr gegen 11:00 Uhr querte in leuchtoranger Fleecejacke der Forstamtsleiter mit seiner Brackenhündin Lara vor mir das Altholz und fand in der Nähe der liegenden ersten zwei Sauen das zuletzt beschossene Stück Schwarzwild, nicht weit vom Anschuss entfernt in der Dickung. "Wai-Hei!" rief er zu mir herüber, dann nahm die dichte Gebüschvegetation den Forstmann auf - und die Bühne war wieder leer. Doch nicht sehr lange, denn um 11:23 Uhr wechselte nochmals ein einzelner starker Frischling an. Er verhoffte am Dickungsrand, wo bereits die von mir "herangegrunzte" Sau lag, bewindete die erlegte Artgenossin einen Moment, stellte sich dann breit, sicherte dabei nach rechts und lag Sekundenbruchteile später im Knall - genau neben der anderen Sau.

Vier Sauen mit guten Kammerschüssen und ein Fuchs im hellen Winterpelz, dass kommt nicht alle Tage vor. Doch das erste Treiben dauerte immerhin noch etwa fünf Minuten. Wer weiß, was an diesem Tag noch alles passieren würde? Und wie der Zufall es wollte, gab sich im Buchenaltholz auf etwa 80 bis 90 Meter in den letzten Minuten vor dem vereinbarten Jagdende plötzlich noch ein schwarzer Keiler die Ehre. Ich schätzte ihn als mittelalten Zukunftkeiler ein und ließ ihn seiner Wege ziehen. Danach endlud ich meine Repetierbüchse und baumte ab. Übrigens wurde im zweiten Treiben einer der Hunde von einem ganz ähnlichen Keiler leider schwer geschlagen. Beim Zusammenholen meiner Sauen halfen kurze Zeit später der Ansteller und ein Nachbarschütze sehr tatkräftig. Wir zogen die Stücke bis vor die Leiter. Den stärksten Frischling hatte ich mir durch Abschärfen der Spitze des rechten Tellers gekennzeichnet. Der telefonisch informierte "Bergungstrupp" sollte den weiteren Abtransport zum zentralen Aufbrechplatz bewerkstelligen. Nun fuhren wir los und sammelten den Rest unserer Schützengruppe ein. Am Streckenplatz besorgte ich mir eine wohltuende "Gerstenkaltschale" und dazu ein kräftiges, warmes Süppchen.

Im Schein der Fackeln lagen abends 17 Sauen, 40 Rehe und sechs Füchse auf der Strecke. Die Sauen rangierten fast alle innerhalb des vorgegebenen Größenlimits. Sage da noch einer etwas gegen flapsige Vergleiche! Der Jagdleiter stand mit den Erlegerbrüchen bereit und der Forstamtsleiter hielt noch eine kleine Ansprache. Nach dem obligatorischen Dank an alle Beteiligten meinte er in Anbetracht der recht beachtlichen Rehwildstrecke, "heute sei mal wieder so ein richtiger Rehtag gewesen". Als ich mir für vier Sauen und einen Fuchs den Bruch bei ihm abholte, bedankte ich mich herzlich für den schönen Jagdtag. Nur den "Rehtag" konnte ich nicht so ganz bestätigen.

Nach dem Verblasen der Strecke marschierte ich zum Jagdleiter. Meine "herangerufene" braune Wutz wollte ich gerne übernehmen, denn in der Kühltruhe war wegen der generell schlechten Sauenstrecken in diesem Mastjahr bereits ein partieller "Wildschweinbraten-Engpass" absehbar. "Das geht leider nicht", bekam ich zur Antwort, "denn die gesamte Strecke ist bereits 'en Block' verkauft." Da habe ich ein letztes Mal - und diesmal ganz leise - gegrunzt.

Können spurlaute Hunde Sauen "lancieren"?

Sind spurlaut jagende Hunde in der Lage, Sauen und anderes Schalenwild in eine bestimmte Richtung zu dirigieren und so vor die Büchse des Hundeführers zu bringen? Alles nur Zufall könnte man meinen. Andere Jäger trauen ihren vierläufigen Jagdhelfern weitaus mehr zu, denn der Hund stammt schließlich vom Wolf ab.

Wölfe sind sozial lebende und im Rudelverband oft mit verteilten Rollen jagende Raubtiere. Wie die Afrikanischen Wildhunde und andere in Rudeln lebende Wildhundarten, haben Wölfe ein hochdifferenziertes Verhaltensrepertoire. Sie sind in der Lage, ihre Jagdstrategien einzelnen Geländetypen und Wildarten anzupassen. Hierzu gibt es zahlreiche Beobachtungen. Der Biologe und Wolfsforscher Farley Mowat, Autor des Buches "Ein Sommer mit Wölfen" (2004), beschreibt mehrere Wolfsjagden, die er in der kanadischen Arktis beobachtete: "Waren Karibus schwer zu finden, so wurden verschiedene Techniken angewendet. Mehrere Wölfe trieben manchmal eine kleine Karibuherde in gemeinsamer Anstrengung in einen Hinterhalt, in dem andere Wölfe lauerten. Waren die Karibus selten, wurde auch bisweilen eine Art 'Staffelsystem' angewandt. Dabei trieb ein Wolf ein Karibu vor sich her bis zu einem nächsten Wolf, der in einiger Entfernung wartete und dann seinerseits die Verfolgung aufnahm. Außerdem nutzen Wölfe die Jagdtechnik der Streife. Wird zum Beispiel ein Waldgebiet vom Rudel durchkämmt, kann abspringendes Wild auf diese Weise einem Rudelgenossen zugetrieben werden".

Auch Professor Lutz Heck, der von 1934 bis 1965 als Präsident des Deutschen-Bracken-Clubs (DBC) tätig war, konnte Wölfe beim Jagen beobachten und berichtet darüber in seinem Buch "Die Wildsauen" (1980, Paul Parey): "Ich selbst sah in Russland, dass ein Rudel von vier Wölfen sich teilte, zwei sich vorlegten und die zwei anderen einen Rehbock auf diese hindirigierten, sodass er von ihnen gerissen werden konnte". Heck ist der festen Überzeugung, dass manche Jagdhunde ähnliche Fähigkeiten zeigen: "Als großer Freund der lauten Jagd habe ich drei meiner Deutschen Bracken auf Schwarzwild recht zuverlässig eingejagt. Je öfter dies vor ihnen geschossen wurde und je mehr ich sie darauf anhetzte, um so eifriger und schärfer wurden sie. ... Manche besonders Geübte zeigen sogar die Fähigkeit, ein einzelnes Stück Schwarzwild in gewisse Richtung zu dirigieren, um es ihrem Herrn zuzutreiben." Nach dem letzten Krieg soll eine Deutsche Bracke es auf diese Weise fertig gebracht haben, dass ihr Hundeführer, der meist allein mit ihr jagte, 84 Sauen vor ihr erlegen konnte. Heimo van Elsbergen, ehemals Präsident des DBC, hatte solche Schilderungen früher meist als Jägerlatein abgetan. Aber durch Praxiserfahrungen, z. B. mit seiner eigenen Hündin (einer Deutschen Bracke), wurde er sich unsicher und bat in der Bracken-Zeitung 02/2000 um Meinungen und Zuschriften zum Thema "Lancieren von Sauen", worauf es ein großes "Echo" gab.

Unter anderem wurde in der Bracken-Zeitung 02/2002 ein Bericht vom Norbert Klaus veröffentlicht. An einem Friedhof nahe des eigenen Hauses, wo er kein Wild vermutete, koppelte er seine Bracke "Charly vom Wäldchen" ab. Doch nach ein paar Schritten hetzte der Rüde plötzlich heiser Laut gebend rechts über ein Feld. Zuerst vermutete der Führer eine Katze als Grund und folgte dem Hund nach. Auf dem feuchten Ackerboden entdeckte er dann Schalenabdrücke mit Geäfter und tippte auf eine Rotte starker Überläufer. Der Rüde folgte der Fährte an Äckern entlang, Richtung Ortsrand, dann wieder ins freie Feld hinein und schließlich in ein stark bodenverjüngtes Eichenwäldchen. Der Führer war dem Hund weiter gefolgt. Jetzt hörte er giftigen Hetzlaut, dazwischen lautes Krachen und Brechen, welches zum anderen Ende des Waldes in Richtung eines Sportplatzes ging. Nach zehn Minuten kehrte Charly abgekämpft zurück. Das seltene Glück war, dass im Sportlerheim, welches ganz in der Nähe des Wäldchens liegt, zum Zeitpunkt des Vorfalls zehn Fußballer und vierzehn Jäger zum Essen saßen. Noch Tage und Wochen später erzählten die Augenzeugen, welche die Schwarzwildjagd beobachtet hatten, dass die Bracke sieben Sauen "von rechts nach links flankierend" über den Sportplatz Richtung Friedhof gejagd habe. Dort mußte der Hund seinen Herrn vermuten. Der Brackenrüde konnte ja nicht wissen, dass ihm der Führer nachgeeilt war. Norbert Klaus ist davon überzeugt, dass mancher Hund Sauen so bedrängen kann, dass sie in Richtung auf den Jagdpartner bewegt werden.

Der Duden definiert den Begriff "lancieren" in folgender Weise: "Etwas geschickt an eine gewünschte Stelle, an einen vorteilhaften Posten bringen". Früher wurde "lancieren" (z. B. in Riesenthals Jagdlexikon von 1916) folgendermaßen definiert: "Einen Hirsch, der parforce gejagt werden soll, durch besonders zuverlässige Hunde aus der Meute oder mit dem Leithund anjagen, damit er sich vom anderen Wilde trennt". Mit dem Lancieren eines Hirschen bezeichnete man ebenfalls das gezielte "nachhängen" mit dem Hund, teils an langer Leine, auf der Gesundfährte bis zum Auswechseln des Stückes, möglichst auf gewohntem Wechsel, an dem sich ein oder mehrere Jäger angestellt haben. Der Begriff findet bis heute daher auch im Hinblick auf Schweißhunde Anwendung: "Lancieren als die Krone der Schweißhundeführung".

Zahlreiche Hundeführer vertreten die These, dass spurlaut jagende Hunde nicht in der Lage sind, Schalenwild in eine bestimmte Richtung zu "lancieren". Ihre Argumentation: Die Hunde jagen meist mit tiefer Nase und in einiger Entfernung hinter dem abwechselnden Wild. Der Hund ist auf der warmen Fährte zudem oft alleine unterwegs und in der Regel ganz einfach zu weit vom Wild entfernt, um dessen Richtung nennenswert beeinflussen zu können. Das Wild begibt sich, wenn es sich verfolgt fühlt beziehungsweise wenn es unter Druck gerät, meist auf bekannte, vorgezeichnete Wechsel. Es gerät damit quasi automatisch vor die Schützen, wenn diese gut plaziert sind. Bei der Aussage, der Hund hätte seinem Führer das eine oder andere Stück absichtlich zugedrückt, sei deshalb wohl meist der Wunsch der Vater des Gedankens.

Hartmut Roth, Landesgruppenvorsitzender Südwest im Deutschen-Bracken-Club (vgl. Bracken-Zeitung 04/2000) vertritt eine andere Meinung: "Viele Beobachtungen bei Jagden belegen, dass Hunde, die sich mit ihrem

Führer verstehen, in der Lage sind, Sauen auch gegen deren Willen in bestimmte Räume zu drängen und bestrebt sind, diese vor den Führer zu bringen. Versteht der Führer sein Handwerk und streckt gestelltes oder in seinen Raum gebrachtes Wild vor seinem Hund, wird dieser solche Erfolge zu wiederholen versuchen. So ist es erklärlich, dass gute Hundeführer auch immer gute Beute machen können. Vor allem wenn jagende Hunde im Team untereinander und zudem mit dem Menschen als ihrem Jagdgenossen gut zusammenarbeiten, sind sie durchaus in der Lage, Wild zu lancieren". Forstmann Dirk Busch, Landesgruppenvorsitzender Brandenburg des Vereins für Deutsche Wachtelhunde, konnte von einer erhöhten Position aus am Rand der Dahme-Niederung mehrfach beobachten, wie seine Wachtelhunde ihm Sauen und einmal sogar Rotwild zudrückten: "Der Rüde jagte dabei mitunter regelrecht arbeitsteilig mit meiner Hündin zusammen, teils auch kurzzeitig ohne Laut, um das Wild in meine Nähe zu bringen".

Eine starke Führerbezogenheit des Hundes, wird dem erfolgreichen gemeinsamen Jagen und dem "Lancieren" mit Sicherheit förderlich sein. Außerdem kann eine Stärkung des Rudeljagdverhaltens durch das Genossenmachen nach dem Schuss gefördert werden. Daher gibt man dem Hund nach einer erfolgreichen Jagd beim Aufbrechen etwas von der Beute ab, beispielsweise eine Portion geronnenen Schweiß, etwas vom Herz oder Schlund. Der Hund merkt sich als sozial ausgerichtetes Wesen dieses Teilen des Jagderfolges genau und es erwächst in ihm auf ganz natürliche Weise das Interesse, möglichst oft gemeinsam mit seinem "Rudelführer" Beute zu machen. Viele Hundeführer sind sich sicher, dass der Hund beispielsweise bei der Bewegungsjagd genau weiß, wo sein zweibeiniger Jagdpartner, der ja für das Erlegen der Beute zuständig ist, im Gelände postiert ist. Den Rest übernehmen dann die Jagdinstinkte des Hundes und seine Cleverness.

Der Hund stammt vom Wolf ab und führt dessen Erbanlagen in seinen Genen. Es ist daher wahrscheinlich, dass unsere jagenden und stöbernden Hunde noch immer über einen Teil der hochentwickelten Instinkte und Jagd-Fertigkeiten des Wolfes verfügen. Mit anderen Worten: Soziales, intelligentes Jagen mit einer klaren Aufgabenteilung ist in den Genen des

Hundes seit Urzeiten fest verankert. Warum sollen unsere Jagdhunde dann nicht auch in der Lage sein, Sauen und anderes Schalenwild vor unsere Büchse zu dirigieren? Zumindest lohnt es sich, zu diesem Thema weitere Beobachtungen und Meinungen zu sammeln.

Starke Bassen und Uriane

Hier eine kleine Auswahl diverser Meldungen aus der Rubrik "Schwein gehabt" :

In einem DJZ-Testrevier im Hunsrück wurde am 24. Oktober 1997 während einer Drückjagd ein ungewöhnlich starker Keiler von aufgebrochen 199 Kilogramm erlegt. Beim Aufbrechen wurde reichlich Weißes herausgeschärft, ansonsten hätte der Keiler-Koloss sogar die magische 200-Kilogramm-Marke übertroffen. Das Gewaff des gewaltigen Bassen wurde mit einer Goldmedallie ausgezeichnet.

DJZ-Redaktion, mündl. Mitteilung

Ein aufgebrochen 151 Kilogramm schwerer Keiler (Gewehrlängen 21 und 20,2 cm) stand im Revier Keilsdorf (Landkreis Kelheim, Bayern) bei einem Nachtansitz im Jahre 2002 drei Tage vor Vollmond um 21.10 Uhr plötzlich auf einer Wiese neben einem Maisacker. Nach dem Schuss (7x65 R, 11g-TIG) zog er, fast ohne zu zeichnen, in einem Kreisbogen in den Mais und verendete dort in der Fährte. Niemand konnte sich an eine vergleichbar schwere "Wildsau" aus den hiesigen Revieren erinnern.

PIRSCH

Im bayerischen Landkreis Roth-Hilpoltstein war Schwarzwild vor zehn Jahren noch nicht anzutreffen. Auch heute ist es im Revier Mühlstetten kein Standwild. Als sich ein örtlicher Jäger im Oktober 2002 darüber ärgerte, dass Sauen seine Wiesen umgebrochen hatten, setzte er sich auf einem nahen Hochsitz an. Nach drei Stunden wechselte ein Keiler an, den er dann strecken konnte. Ebenso groß wie der Basse war die Überraschung des Erlegers: 166 Kilogramm brachte der Keiler aufgebrochen auf die Waage. Die Gewehre messen 21,5 Zentimeter.

PIRSCH

Bei einer Drückjagd auf Schwarzwild im Winter 2002/2003 konnte sich ein Jäger im Rhein-Lahn-Kreis über einen starken Keiler freuen: Mit gutem Schuss (9,3x64) erlegte er den hochflüchtigen Bassen. Nach dem "Hahn in Ruh" war die Bergung des Kolosses ein schwieriges Unterfangen. Aufgebrochenen brachte er 148 Kilogramm auf die Waage. Die Gewehre hatten lediglich eine Länge von 19 Zentimetern.

WILD UND HUND

Im Revier Burgbrohl-Weiler (bei Andernach) ist am 1. Oktober 2002 bei der Maisernte ein kapitaler Keiler zur Strecke gekommen. Das Gewicht betrug aufgebrochen 140 Kilogramm und das Alter des Bassen wurde auf sieben bis acht Jahre geschätzt. Die Bewertung der Waffen durch Norbert Happ erbrachte 110,50 CIC-Punkte.

DJZ

Im Buchenaltholz des Reviers Kamerun (Hochwildring Lippe-Südost), lag am 31. Januar 2003 eine geschlossene Schneedecke. Es war ein majestätisches Bild, als um 17:00 Uhr beim Rehwildansitz plötzlich ein starker Basse anwechselte. Wahrscheinlich hatte er sich in alt bewährter Manier der Drückjagd eines Nachbarreviers entzogen und war deshalb zu ungewöhnlich früher Stunde auf den Läufen. Beschossen mit 8x57 IS, lag der Keiler im Knall. Aufgebrochen wog er 162 Kilogramm und hatte nach der Rauschzeit kaum Weißes unter der Schwarte. Die Länge der unbeschädigten Gewehre beträgt je 23 Zentimeter, die Breite 30 Millimeter.

WILD UND HUND

Ein Jagdpächter aus dem Landkreis Bamberg hatte bei Hundshof eine kapitale Keilerfährte auf einem frisch angesähten Feld entdeckt und dann den Bassen in einem nahen Feldgehölz festgemacht. Zwei Treiber und einige herbeigerufene Jagdfreunde waren am 17. Oktober 2004 zur Stelle, als das Hauptschwein aus der Dickung flüchtete. Einer der Jäger streckte es gegen 13.30 Uhr mit zwei Schüssen aufs Blatt. Sechs ausgewachsene Männer waren nötig, um den gewaltigen Keiler aus dem Saatacker zum nächsten Feldweg zu bringen. Das Erlegungsgewicht betrug 210 Kilogramm, aufgebrochen wog der Basse 173 Kilogramm. Die Gewehre waren lediglich 13 und 17 Zentimeter lang. Das Alter des Keilers wurde auf fünf bis sechs Jahre geschätzt. Es ist das stärkste Stück Schwarzwild, dass in den vergangenen 200 Jahren im östlichen Steigerwald zur Strecke kam.

JÄGER; WILD UND HUND

Meldung vom April 2005: Im "Handbuch der deutschen Jagd" wird das Höchstgewicht eines Keilers in Sachsen mit 180 Kilogramm angegeben. Demnach ist der Keiler, den ein Jäger vor kurzem im Oberlausitzkreis erlegte, mit seinen aufgebrochenen 185 Kilogramm rekordverdächtig. Das Hauptschwein von etwa sieben Jahren war rund zwei Meter lang und hatte eine Widerristhöhe von etwa einem Meter.

JÄGER

Am 12. November 2005 wurde im Revier Arendsee (Brandenburg) bei einer Drückjagd ein 149 Kilo schweres Hauptschwein erlegt. Nach dem Schuss aus der 9,3x62 brach der Basse nach zwanzig Metern zusammen. Sein Alter wurde auf neun bis zehn Jahre geschätzt. Auch das Gewaff ist beeindruckend und wurde mit 120,5 CIC-Punkten bewertet. Länge der Gewehre: 22,5 und 24 Zentimeter.

WILD UND HUND

Meldung vom Juli 2006: In einem Revier beim niederösterreichischen Miesenbach saß ein örtlicher Jäger abends zusammen mit seinem Sohn an, als auf 120 Meter ein starker Keiler in Anblick kam. Der wuchtige Basse lag im Knall. Im Jagdhaus zeigte die Waage dann 158 Kilogramm. Die Waffen waren 24,9 Zentimeter lang.

JÄGER

In Deutschland wurden in Bezug auf die Trophäenstärken die derzeitigen Spitzenkeiler 1972 in Havelberg (139,10 CIC-Punkte), 1979 in Waren (131,10 CIC-Punkte), 1984 in Neuruppin (130,65 CIC-Punkte), und 1981 in Grabfeldgau (130,30 CIC-Punkte) erlegt. Aller Wahrscheinlichkeit nach beeinflussen vor allem genetische Faktoren die Schädel- beziehungsweise Eckzahngröße. Daher verfügen schwächere Keiler mitunter über ein stärkeres Gewaff, als so mancher Keilerkoloss. Bei der Bewertung von Keilergewaffen sind es vor allem die Gewehrbreiten, welche die entscheidenden Punkte bringen.

Internet-Recherche, JÄGER-Beitrag v. Christoph Stubbe

Auch in Osteuropa, im Baltikum und im "Korridor zwischen Europa und Asien" kommen immer wieder starke Keiler zur Strecke, dazu einige Beispiele:

Das kroatische Schwarzwild ist praktisch in allen Revieren von der Drau bis zum Mittelmeer bejagbar. Vor allem in der Küstenregion erreichen Keiler herausragende Gewehrlängen, die 25 Zentimeter teils deutlich überschreiten.

JÄGER (vgl. Beitrag J. Vocke, 12/2004)

In Weißrusslands riesengroßen Revieren kommen alljährlich starke Keiler zur Strecke. Unlängst waren dort zwei deutsche Jäger bei Frost, Schnee und Mond Mitte November auf einer siebentägigen Keilerjagd mit insgesamt fünf Bassen bis 181 Kilogramm Gewicht (Goldmedaillen-Gewaff) erfolgreich. Weißrussische Keiler haben oft auffallend breite Waffen.

JÄGER (vgl. Jagdbericht M. Stannick, 8/2005)

Meldung aus 2006: Im Urwald von Bialowieza (Polen) konnte ein deutscher Jäger im letzten Büchsenlicht einen "Urwald-Keiler" von aufgebrochen mehr als 130 Kilogramm erlegen. Die Waffen waren 23,5 Zentimeter lang.

JÄGER

Meldungen aus 2006 und 2007:

Im Westen Rumäniens war eine Gruppe von Jagdfreunden aus Deutschland, England und Südafrika mit mehreren starken Drückjagdkeilern bis 24,9 Zentimetern Waffenlänge erfolgreich. Zudem wurde ein uriger, rund zehn Jahre alter Basse mit völlig abgearbeiteten Waffen erlegt. +++ Im rumänischen Gurgiu-Gebirge, unweit der Stadt Targu Mures, streckte ein Jäger einen mächtigen Keiler von 220 Kilogramm (aufgebrochen). Erlegt wurde er mit einem Kammerschuss auf 250 Meter. Das Gewaff des etwa achtjährigen "Klaviers" wurde mit 117,60 CIC-Punkten bewertet.

JÄGER

Jährlich kommen in der Türkei ungewöhnlich starke Keiler mit Waffenlängen bis zu 31 Zentimetern zur Strecke. Die erfolgreichsten Jagdmethoden: Pirsch und Ansitz bei Vollmond, ferner Ausgehen von Keilerfährten in höheren Regionen im Winter und Drückjagden. Zwei deutsche Jäger waren unlängst in der Region zwischen Izmir und Istambul mit stattlichen Keilern bis 240 Kilogramm und 23,2 Zentimetern Waffenlänge erfolgreich.

WILD UND HUND (vgl. Jagdbericht W. Rameil, 2/2006)

Meldung vom Dezember 2006: In Nordost-Anatolien hat ein deutscher Jäger aus Heidelberg einen Keiler von unglaublichen 410 Kilogramm Gewicht erlegt. Die Waffen des etwa 13-jährigen, silbergrauen Brockens waren stark abgearbeitet und maßen beidseitig 26,5 Zentimeter Länge. Der Basse war bis dato unbekannt und wurde während einer Vollmond-Pirsch gestreckt.

JÄGER

Einer der weltstärksten Keiler wurde 1986 in Bulgarien im Revier Kormiszos erlegt. Seine Gewehrlängen betrugen 25,6 und 28,6 Zentimeter, die Gewehrbreiten 35,5 und 38,3 Millimeter und die Hadererumfänge 8,4 und 8,5 Zentimeter. Dieses Gewaff erreichte 158,20 CIC-Punkte - vormaliger Weltrekord.

Internet-Recherchen

Weltrekordkeiler aus Ungarn: Im November 2003 erlegte ein französicher Jäger bei einer Drückjagd einen kapitalen Keiler. Nun wurde die Bewertung der Trophäe bekanntgegeben: Neuer Weltrekord! Das Gewaff erhielt 162,85 CIC-Punkte. Die Durchschnittslänge der breiten Gewehre beträgt 27,5 Zentimeter.

JÄGER

Keilerjagden in Übersee und in Asien

Argentinien gehört zu denjenigen Jagdreiseländern, von denen man bei uns zwar nicht viel hört, aber wo alljährlich auch starke Keiler erlegt werden. In Australien und in Neuseeland handelt es sich bei den dort vorkommenden Sauen zumeist um Schwarzwild-Mischlinge (Schwarzwild wurde in "Down Under" ab dem 19. Jahrhundert eingebürgert) beziehungsweise um verwilderte Nachfahren asiatischer (Haus-)Schweine. In den Vereinigten Staaten von Amerika (USA) ziehen in manchen Gebieten neben eingebürgertem Schwarzwild auch Schwarzwild-Mischlinge und verwilderte Hausschwein-Kolosse ihre Fährten (vgl. JÄGER 5/2005): Der Farmer Larry Early entdeckte in einem Teich auf seinem Weideland eine Kuh. Bei genauem Hinsehen entpuppte die sich jedoch als riesiges, verwildertes Hausschwein. Er holte die Waffe aus seinem Truck und erschoss einen Eber, der mehr als 500 Kilogramm (!) auf die Waage brachte.

In der Mongolei zeigte mir ein einheimischer Jäger aus Ulan Bator im Herbst 2006 das Foto eines im zentralasiatischen Hochland von ihm erlegten Keilers, der rund 100 Kilogramm gewogen haben soll. In Pakistan werden die Keiler zwar oft nicht viel schwerer, aber sie verfügen mitunter über starke Gewaffe mit gewaltigen, gebogenen Haderern. Die Jagden in Pakistan finden unter anderem in Dschungelgebieten, auf Inseln des Flusses Indus oder auf Zuckerrohrfeldern statt.

Das russisch-chinesische Grenzgebiet des Ussuri gilt unter Schwarzwildjägern als eine geradezu "magische" Jagdregion, in der offenbar die weltweit stärksten Keiler ihre Fährten ziehen. Ein deutscher Jagdgast, der von Rudi Humme im russisch-chinesischen Grenzland am Ussuri geführt wurde, schoss dort vor Jahren einen gewaltigen Urian, dessen Keiler-Trophäe zu den weltweit Stärksten zählt.

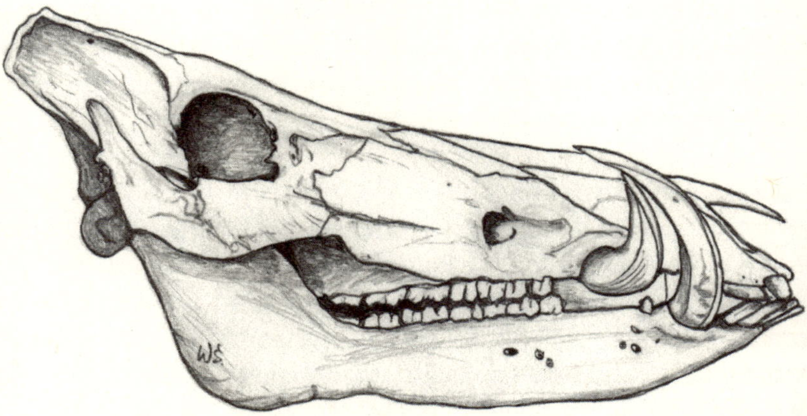

Keiler-Schädel

Im Tiefflug

Im zweiten Treiben wurde ich an einem Weg zwischen zwei Feldgehölzen postiert. Jeder der "alten Hasen" wußte genau, dass man an diesem Wechsel nicht viel Zeit hat und sehr schnell schießen muss, will man dort tatsächlich ein Kaninchen erlegen. Die anderen Schützen nahmen nun auch ihre Stände rings um die brombeerverfilzte Dickung ein und ließen sich meist auf Sitzstöcken nieder. Völlig reglos verharrten die Jäger - bis auf einen, der vom Jagdherrn barsch zurechtgewiesen wurde. "Mensch, bleiben Sie doch endlich mal ruhig stehen!", hallte es über die Auenwiese. Kaum hatten die Treiber und Durchgehschützen ihre Hunde zum Stöbern geschnallt, da "flog" auch schon einer der grauen Flitzer über die besagte Wegschneise. Alles passierte unglaublich schnell. Urplötzlich war das Kaninchen da. Anbacken der englisch geschäfteten Doppelflinte, die schon mein Großvater geführt hatte. Mitschwingen und schießen - Bumm! Ehrlich gesagt geschah alles mehr aus dem Instinkt heraus, denn viel Übung im Flintenschießen hatte ich damals noch nicht. Ich meinte zwar, dass das hochflüchtige "Kanin" im allerletzten Moment rolliert sein müsse und dann ins Gebüsch "abgeflogen" war. Ganz sicher war ich mir aber nicht. Es dauerte nicht lange, da blies der Pächter auf den Läufen seiner Doppelflinte krächzend "Hahn in Ruh" und erschien kurz darauf mit einem seiner Jagdgenossen an meinem Stand: "Na - dat war wohl nichts?!", lautete der leicht schadenfrohe Kommentar. Wir schauten gemeinsam nach - und fanden den beschossenen alten Rammler verendet in den Brombeeren neben dem Weg.

Bei der Schwarzwildjagd kennen die älteren Jäger das schnelle Mitfahren und instinktsichere Schießen oft nur im Zusammenhang mit einem Verzicht auf die Zieloptik: "Meine Drückjagdsauen habe ich alle nur über Kimme und Korn geschossen", erzählte mir erst kürzlich noch ein 72-jähriger Waidmann. Damals - vor der Erfindung des Drückjagdzielfernrohres - war es bei Jägern seiner Generation durchaus üblich, die Zieloptik (oftmals ein sechsfaches 32er- oder 42er-"Gläschen") auf der Bewegungsjagd abzunehmen und in der Lodenmanteltasche verschwinden zu lassen. Falls tatsächlich Wild aus der Distanz anwechseln würde, konnte man das Glas dann ja noch schnell wieder (z. B. auf den Drilling) aufsetzen. So war man es früher eben gewohnt.

Heutzutage verwenden die meisten Jäger auf der Bewegungsjagd Repetierbüchsen oder thermostabile Doppelbüchsen in Kombination mit einer "drückjagdgeeigneten" Zieloptik. Die fein gearbeitete Doppelbüchse mit ihren fest verlöteten Läufen gilt in einigen Kreisen zwar immer noch als das einzig stilechte "Non-Plus-Ultra", doch nicht wenige Jäger halten diese Waffe mittlerweile für antiquiert. Kletternde beziehungsweise voneinander abweichende Treffpunktlagen bei warmgeschossenen Läufen sind nicht jedermanns Sache. Statt dessen sind Repetierbüchsen im Aufwind, mit denen bei Bedarf schnell repetiert werden kann. Bei der Wahl des passenden Zielfernrohres geht die Tendenz hin zur speziellen Drückjagdoptik mit fein dimmbarem Leuchtabsehen (das vom hellsten Sonnenschein bis in die Dämmerung hinein einsetzbar ist), variabel (1,1-4 x 24 oder 1-6 x 24) und mit sehr großem Sehfeld. Zahlreiche Versuche in Schießkinos haben ergeben, dass selbst ungeübte Schützen ihre Trefferquoten teils um rund 50 Prozent (!) steigern, wenn sie mit einem modernen Drückjagdglas (zum Beispiel bei der Filmsequenz "Sauen im Winterwald") plötzlich mit zwei geöffneten Augen mitfahren, zielen und treffen können.

Auch mit einem 1,5-6 x 42 oder einem 1,7-10 x 42 lassen sich auf der Bewegungsjagd sehr gute Resultate erzielen und man deckt mit diesen Zieloptiken zudem noch die Optionen Ansitz (Dämmerung, mondhelle Nächte) und Pirsch ab. Ich nenne sie daher auch die "kleinen Allrounder".

Darüber hinaus gibt es natürlich noch andere Strategien bei der Wahl einer drückjagdgeeigneten Zieloptik, beispielsweise die "Eine-Für-Alles-Mentalität". Gemeint ist die Anschaffung eines variablen Zielfernrohrs mit fein dimmbarem Tageslicht-/Nacht-Leuchtpunkt und einem Objektivdurchmesser von mindestens 50 Millimetern (z. B. ein 2,5-10 x 50, ein 2,5-10 x 56 oder ein 2-12 x 50). Ein solches Zielfernrohr ist für die Bewegungsjagd immer noch gut geeignet und zugleich ausreichend lichtstark für die Nachtjagd an der Sauenkirrung und die nächtliche Sauenpirsch. Die "großen Allrounder" decken damit ebenfalls eine interessante Bandbreite ab.

Vieles ist auch Gewohnheitssache. Daher hatte ich meine "große Allround-Zieloptik" (2-10 x 50) auf dem Repetierer, als ich auf einer Stöberjagd zusammen mit einigen anderen Hundeführern der nordhessischen Stöberhundgruppe zwischen zwei Dickungen an einem Weg postiert wurde. Es handelte sich bei diesem Stand um die berühmte "enge Schluppe": Das Wild überfällt solche Wege und Schneisen häufig bereits in den ersten Minuten des Treibens, wenn die Hunde geschnallt sind und im "dichten Verhau" spurlaut (fährtenlaut) werden. Der besagte Weg, an dem ich stand, war schmal, die Vegetation war "bürstendicht" und das Schussfeld war eng. Hochflüchtige Sauen - so fand man heraus - können sich kurzzeitig mit einer Maximalgeschwindigkeit von rund 18 Metern pro Sekunde (!) fortbewegen. Man denke nur an eine Rotte, die plötzlich stark unter Druck gerät und dann förmlich aus einer Deckung "herausexplodiert". Bei derart rasantem Schwarzwild noch im Bereich der Kammer abzukommen, ist keineswegs eine leichte Übung und sollte im Schießkino daher trainiert werden.

Obwohl das Treiben bereits seit kurzem im Gange war, mussten wir bis zum verabredeten Zeitpunkt des Schnallens der Hunde noch einige Minuten warten. Und genau in diesem Moment kam bereits die erste Sau über den Weg "geflogen". Mein Wachtelrüde und die Hunde meiner beiden Nachbarschützen flippten in diesem Moment förmlich aus. Ringsum fielen reichlich Schüsse. Es mussten im umliegenden Gebiet also noch zahlreiche weitere Sauen auf den Läufen sein. Dann wurden die Hunde geschnallt. Kurze Zeit später erklang in der Dickung hinter uns in einiger Entfernung anhaltender Standlaut. Kurz darauf waren laute Rufe zu hören: "Ich kooomme! Haltet fest! Ich kooomme!" Damit warnte Uwe Ickler, der Leiter der nordhessischen Stöberhundgruppe, die Nachbarschützen und signalisierte zugleich den Hunden, die eine kranke Sau gestellt hatten, dass nun Hilfe naht. Kurz darauf konnte er die von den Wachtelhunden gebundene Sau abfangen.

Plötzlich gab einer vierläufigen Jagdgehilfen in der gegenüberliegeden Dickung Standlaut. Mein Nachbarschütze - ebenfalls ein Hundeführer-verließ daraufhin pflichtgemäß seinen Stand, denn er war am nächsten postiert. Kaum hatte er den lautgebenden Hund erreicht, ertönte auch schon sein Ruf: "Achtung - Sauuuu!" Ein einzelner versprengter Frischling hatte sich gedrückt und gab nun plötzlich Fersengeld. Sofort war die Büchse gespannt. Momente später erschien am gegenüberliegenden Wegrand die hochflüchtige Sau "im Tiefflug" auf der Bildfläche. Blitzschnelles Anbacken und Schießen waren nahezu eins. Ich meinte hinterher zwar, mit dem roten Leuchtpunkt etwas vorgehalten zu haben, doch ehrlich gesagt ging alles viel zu schnell, um von bewusstem Handeln sprechen zu können. Das Ganze erinnerte stark ans Flintenschießen auf der Niederwildjagd. Die Wutz rollierte nicht, sondern "flog" einfach an mir vorbei in die rückwärtige Nadelholzdickung. Dort wurde das klagende Stück von meinem Rüden und zwei anderen Wachtelhunden kurz darauf gestellt, sodass ich es mit dem Jagdmesser abfangen konnte. Der Schuss saß übrigens "weich", genau zwischen der Kammer und den Keulen. Trotzdem bin ich mit dem Allroundglas keineswegs unzufrieden.

Nach der erlebnisreichen Jagd haben wir abends am Streckenplatz zusammen mit den Forstleuten bei einem Becher dampfendem Glühwein noch einmal die Ereignisse des Tages Revue passieren lassen. Uwe, der Leiter der Stöberhundgruppe ist nicht nur ein erfahrener Hundemann, sondern auch ein Vollblutjäger. Er lebt jedesmal förmlich auf, wenn mit den passionierten Hunden professionell gejagd wird und wenn dabei im vorgegebenen Rahmen auch "Strecke" gemacht wird - inklusive der einen oder anderen Sau, die sozusagen als "Flugwild" daherkam.

Sau im "Tiefflug". Der Treffer saß
"MAP" (= "Mitten auf'm Panz")

Für den Notfall

Januar 2005: Stöberjagd in einem Revier in Brandenburg. Hinter mir raschelt es im Hang. Ein Stück Wild nähert sich im herbstlichen Holz dem Drückjagdstand: Tapp, tapp, tapp, tapp, - im zügigen Troll wechselt durchs trockene Laub ein Überläufer an. Sofort ist die Büchse angebackt, der Leuchtpunkt des Drückjagdzielfernrohrs fährt auf der Kammer mit. Dann bricht der Schuss. Doch die Sau läuft weiter - ohne erkennbar zu zeichnen! Einige Minuten später geben zwei Hunde vor mir in der Buchendickung anhaltend Standlaut. Als Hundeführer muss man in solchen Fällen den Stand verlassen und den vierläufigen Jagdhelfern zu Hilfe kommen. Möglichst laut gibt man beim Angehen akustische Signale. Nachbarschützen sind auf diese Weise gewarnt und die Hunde sollen hören, dass Unterstützung naht. Bald darauf kommt die schwerkranke, von den Hunden gestellte Sau in Anblick. Mein Wachtelhundrüde hat sie an einer Keule gefasst. Ein zweiter Wachtel versucht, die Sau am Wurf zu binden und entgeht dabei nur knapp einer Attacke. Der wütende Überläuferkeiler hat den Rückenkamm aufgerichtet. Er wirkt dadurch noch um eine gute Handbreit größer und wetzt drohend mit dem Gewaff. Durch daumendicken Aufwuchs zwänge ich mich mit geschultertem Repetierer näher an die Sau heran. Die Hunde wegzubrüllen, um einen Fangschuss anzutragen, erweist sich als sinnlos. Wie Altmeister Rudolf Frieß es in seinem Buch "Hatz-Watz" treffend beschreibt, wird die Büchse in solchen Momenten zu einem "völlig nutzlosen Möbel". Schussknall, Geschoss und Splitter würden die Hunde viel zu stark gefährden. Ich kämpfe mich also bis an das schwerkranke Stück heran. Die linke Hand greift in die Federn des Rückenkammes und mit der Rechten ramme ich der Sau im Kammerbereich das Jagdmesser zwischen die Rippen und verkannte dabei die Klinge kurz. Mit zischendem Laut kollabiert die Lunge und das Leben "pfeift" aus dem Stück hinaus. Dann endlich ist alles vorbei. Die Hunde beuteln die tote Sau und legen sich dann hechelnd nieder. Wieder etwas zur Ruhe gekommen, wird man nachdenklich: Reines Glück, dass die Hunde unverletzt geblieben sind und dass man selber keine Verletzungen davongetragen hat. Oftmals geht die Sache ganz anders aus!

Januar 2007: Das Forstamt Bonn-Kottenforst-Ville (Nordrhein-Westfalen) hat zu einer Ansitzdrückjagd geladen. Während des zweiten Treibens stoßen gegen 15:00 Uhr etwa 30 Meter neben einem breiten Waldweg mehrere Hunde in einem Brombeerverhau auf einen mittelalten Keiler. Die Treiberwehr eilt herbei. Die Hunde umringen den Bassen und bilden einen lauten Bail. Dann wird es dem Keiler zu bunt und er verlässt die Deckung. Seine schlanken Gewehre sind messerscharf und spitz wie Dolche. Im Vorbeilaufen schlägt er nach "Leo", dem sauenerfahrenen Kopov-Brackenrüden eines Bonner Forstmanns, der später berichtet: "Der Hund war einfach zur falschen Zeit am falschen Ort". Der Hund ist schwer verletzt. Dank des Bonner Forstamtsleiters und eines weiteren Forstmanns, die vor Ort eine Notversorgung vornehmen und dem stark schweißenden Hund rasch einen Druckverband anlegen, überlebt der Kopov-Rüde die gefährliche Keiler-Attacke. Beim Tierarzt wird festgestellt: Der Keiler hat eine Sehne sowie Bänder und Muskeln des rechten Hundehinterlaufs mit einem einzigen Hieb bis auf den Knochen durchtrennt.

Wenn ein Hund bei der Jagd von einer Sau geschlagen wird oder wenn ein Mitjäger sich verletzt hat - könnten Sie dann helfen? Eine brauchbare Erste-Hilfe-Ausrüstung ist nicht nur ein "Muss" für verantwortungsbewusste Hundeführer, sondern sie gehört in jeden Jagdrucksack. Erfahrene Jäger wissen nur zu gut, wie schnell im Gelände beziehungsweise bei der Jagdausübung eine Notfallsituation eintreten kann. Jagdhunde, Treiber und Hundeführer werden im Einsatz immer wieder verletzt, beispielsweise wenn sie auf eine angeschweißte und dann bisweilen zu allem entschlossene Sau treffen. Auch in die Enge getrieben oder bei der Verteidigung ihrer Frischlinge sind Sauen mitunter gefährlich und wehrhaft. Eine praxisgerechte, mit brauchbaren Instrumenten bestückte Notfallausrüstung ist nicht ganz billig, aber dem verletzten Jagdgehilfen eine solide Erstversorgung angedeihen lassen zu können, ist allemal besser, als ihn mangels erforderlicher Instrumente und Verbandsmittel zu verlieren. Man denke nur an die Kosten und Mühen, die man in den Hund und in seine Ausbildung investiert hat. Vom ideellen Wert des vierläufigen Jagdgefährten habe ich dabei noch gar nicht gesprochen. Oder denken Sie an den möglichen Fall eines verletzten Treibers, Mitjägers oder Jagdfreundes. Möchte man dann mit leeren Händen dastehen?

.Dr. Joachim Neuhof (Bonn), ist sowohl Jäger als auch Tierarzt. Er hat sich mit der Frage beschäftigt, welches Equipment für die Notfall-Versorgung sinnvoll und erforderlich ist. Nachfolgend sind Verbandmittel, Instrumente und Medikamente einer Erste-Hilfe-Basisausrüstung und einer Erste-Hilfe-Zusatzausrüstung für Jäger und Hundeführer aufgelistet. Sie sind als ausbaufähige "Module" zu verstehen. Die einzelnen Bestandteile werden in Hinblick auf ihre Anwendung kurz beschrieben und haben sich in der Praxis bereits vielfach bewährt.

Erste-Hilfe-Basisausrüstung

Verbandmittel und Medikamente:

Polsterbinde (z. B. Rolta) und selbsthaftende, dehnbare Binde (z. B. Co-Flex): Es ist ein wichtiges Grundprinzip, Verbände nie ohne Polsterung anzulegen. Daher: Wunden zuerst mit der Polsterbinde umwinden und damit gut abpolstern, erst dann mit Co-Flex umwickeln. Wichtig: Leider wird oft der Fehler gemacht, dass Verbände an den Läufen zu straff gewickelt sind, sodass "Abschnürungseffekte" eintreten können.

Dreiecktuch: Abdecken und Verbinden.

Wundpflaster: Abdecken kleinerer Hautverletzungen und Wunden (vor allem beim Menschen).

Wund-Desinfektionsmittel (z. B. Mercurochrome-Lösung, Betaisodona-Lösung): Desinfizieren von Wunden (Mensch und Hund).

Medizinische Instrumente:

Fieberthermometer: Wichtiges Instrument z. B. bei unklaren Verhaltensänderungen des Jagdhundes. Normaltemperatur beim Hund: 38,0 bis 39,2 Grad Celsius in Ruhe bei ungestörtem Allgemeinbefinden. Untertemperatur kann bedeuten: Kreislaufprobleme, Blutverluste, Vergiftungen; Übertemperatur kann bedeuten: Fieber, Erhitzung wegen starker Bewegung, hohe Außentemperatur. Messung beim Hund immer rektal.

Stumpfe Pinzette: Entfernen von Fremdkörpern, z. B. Stacheln, Dornen und Splitter; Reinigen von Wunden.

Gebogene Schere: Entfernen von Haaren an den Wundrändern, alle Schneideaufgaben.

Erste-Hilfe-Zusatzausrüstung

Verbandmittel und Medikamente:

Zusätzliche Mull-Kompressen, Fixier-Mullbinde, Heftpflaster: Anlegen von abgepolsterten (Druck-)Verbänden.

Augensalbe mit Kortison: z. B. bei Bindehautentzündung (Achtung: Nie bei Hornhautverletzungen anwenden!).

Antibiotische Salbe: z. B. Behandlung von Bissverletzungen.

Medizinische Instrumente:

Knopfsonde "2 mm": Untersuchung von Wunden (Tiefe, Ausdehnung, Taschenbildung).

Knopfkanüle "2 mm": Spülung von Wunden oder Abszessen.

Zwei Arterienklemmen "gebogen": Zuklemmen von größeren Blutgefäßen, um Arterienblutungen zu stoppen.

Häkchenpinzette: Wird u.a. beim chirurgischen Wundverschluss benötigt (z. B. Fassen von Haut zur Wundnaht-Klammerung).

Medizinischer Tacker und Klammer-Entferner: Für den Notfall-Wundverschluss als Erstversorgung vor dem Transport zum Tierarzt. In Einzelfällen müssen heraushängende, intakte Organe wie z. B. Darmschlingen vor dem "Zutackern" vorsichtig wieder in den Körper des Hundes zurückgeschoben werden.

Bezugsquelle und Behältnisse für Notfall-Ausrüstungen

Das oben genannte Equipment kann man über einen Tierarzt beziehen. Als Behältnis für die Erste-Hilfe-Sets sind Reißverschlusstaschen probat - ggf. mit einem ausklappbaren Steck-Futteral für die medizinischen Instrumente. Inklusive Tasche wiegt die Grundausrüstung rund 250 Gramm. Grund- und Zusatzausrüstung wiegen zusammen rund 600 Gramm und passen in jeden Jagdrucksack. Bei Nachsuchen oder für Durchgehschützen haben sich umschnallbare Gürteltaschen als praktisch erwiesen.

Was sonst noch wichtig ist

Die Mitnahme eines Mobiltelefons ist heute Standard. Vergewissern Sie sich rechtzeitig vor der Jagd, ob der Akku aufgeladen ist. Nehmen Sie stets (also auch bei den winterlichen Treib-, Drück- und Stöberjagden, die bei Tageslicht stattfinden) eine Taschenlampe/Stirnlampe mit. Denken Sie an die kurzen Wintertage. Wie schnell kann es dunkel werden, bis ein verletzter Jagdhund nach dem Ende der Jagd gefunden und versorgt ist. Immer wieder kommt es vor, dass bei derartigen Notfällen im Gelände plötzlich eine brauchbare künstliche Lichtquelle fehlt. Ersatzbatterien sollte man ebenfalls mitnehmen. Feste Schnur gehört auch beim Nicht-Hundeführer in den Jagdrucksack, um am Ende der Bewegungsjagd freilaufende Hunde anleinen und zum Sammelplatz mitnehmen zu können. Einen verletzten Jagdhund muss man mitunter ebenfalls anleinen, um ihn versorgen zu können. Auf einem Zettel sollte man die Notfall-Telefonnummern im Gelände dabei haben (nächstgelegene Tierklinik, diensthabende Tierärzte, zuständiger Ansteller, Jagdleiter). Sofern man als Hundeführer die Notfallnummern nicht erhält, sollte man vor Jagdbeginn auf jeden Fall danach fragen. Im Hinblick auf den erforderlichen Abtransport eines schwer verletzten Hundes noch während der Jagd, sollten aus Sicherheitsgründen rechtzeitig entsprechende Absprachen mit dem Jagdleiter getroffen werden.

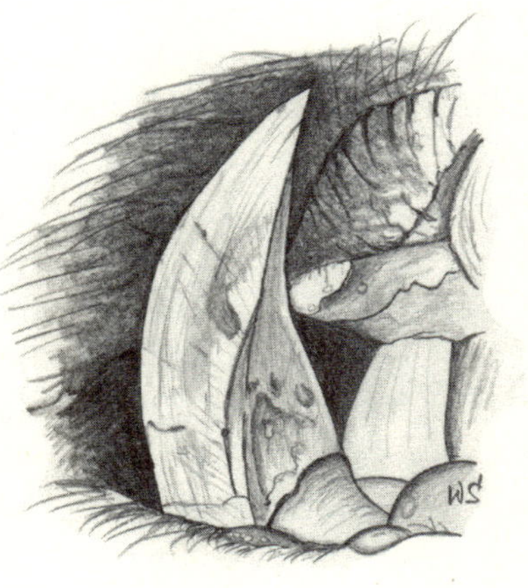

Messerscharfes Keilergewehr

Bauerndoublette

Einem Jagdfreund passierte von einigen Jahren folgende Geschichte: Es war gegen 19:00 Uhr und es hatte geschneit. Er war gerade im Begriff, sich der Kanzel zu nähern, als er vor sich Geräusche vernahm: Schwarzwild! Vorsichtig stieg er die Leiter zur Kanzel hoch und machte sich oben auf der Kanzelbrüstung schussfertig. Direkt vor ihm auf der Sauenkirrung standen acht bis neun Überläufer. Es dauerte nicht lange, da stand rechts der Rotte eine einzelne Sau breit. Das Stück äugte nach links. Runde 30 Meter Schussdistanz - alles schien zu passen. Also schickte der Jäger die 7x64-TIG auf den Weg. Die beschossene Sau lag im Knall: Ein Überläufer mit einem Gewicht von rund 35 Kilogramm. Kurz nach dem Schuss vernahm der Schütze ein raschelndes Geräusch, das nicht klar zuzuordnen war. Dann baumte er ab. Die erlegte Sau hatte einen Hochblattschuss. Gegen 20:15 Uhr war er mit dem Aufbrechen fertig. Alles geschah etwas in Eile, denn um 21:00 Uhr wollte er noch die letzte Rheinfähre erreichen, um auf diese Weise etwas rascher nach Hause zu kommen. Alles schien in bester Ordnung.

Drei Tage später baumte er gegen 19:00 Uhr wieder auf der selben Kanzel auf. Der Vollmond bestrahlte den weiß glitzernden Schnee. Ein wunderbares Bild - trozt der frostigen Wintertemperaturen. Er saß kaum, da wechselte von links ein starker Fuchs an. Dann kam plötzlich noch ein zweiter Fuchs von rechts. Komisch - die Füchse schienen ihn heute förmlich zu umkreisen. Mit seinem Nachtglas leuchtete er nun das Umfeld ab: Mit einem Mal bekam er fünf Füchse in Anblick, die etwa 50 Meter entfernt wie ein Wolfsrudel um etwas versammelt waren und daran herumrissen. Er schoss einen dieser Füchse und baumte kurz danach ab. Am Rand eines Brombeergestrüpps blieb er abrupt stehen: Dort lag ein schwacher Überläufer, von dem fast nur noch die Kopfpartie unversehrt geblieben war. Den Rest hatten die Füchse vor allem in der Rückengegend und im Bereich der Keulen schon recht weitgehend von den Knochen heruntergeholt. Es war aber noch erkennbar, dass der Sauenkadaver im Bereich der Rippen einen Tiefblattschuss aufwies. Und nun wurde ihm schlagartig alles klar: Er hatte drei Tage zuvor offensichtlich zwei eng nebeneinander stehende Überläufer mit einem Schuss erlegt. Während die eine Sau sofort lag, war die andere mit einer kurzen Todesflucht nach links noch bis zu den Brombeeren gekommen und hatte dort kurze Zeit geschlegelt. Das nächtliche Geräusch nach dem Schuss wurde nun mit einem Mal plausibel. Zwei Sauen mit einer Kugel zu erlegen, wird als “Bauerndoublette” bezeichnet. Diese hier war zunächst leider unentdeckt geblieben. Die Füchse hatten ein Festmahl gehabt. Hätte man nach dem Schuss bloß genauer nachgeschaut - der Jäger ärgerte sich gewaltig. Schade um das schöne Wildbret.

Szenenwechsel: Im zeitigen Frühjahr saß ich nachts an einem Feld an. Ab Mitternacht herrschte hellstes Mondlicht. Gegen 2:45 Uhr hatte ich links der Kanzel in größerer Entfernung plötzlich eine Rotte von etwa 15 Sauen im Glas. Sie waren vom nahen Waldrand auf den Acker hinausgezogen und taten sich dort an der süßen, proteinhaltigen Getreidesaat gütlich. Ich nahm meine Büchse, den Laser-Entfernungsmesser, das Glas sowie meinen kurzen Haselnuss-Doppel-Zielstock und baumte ab. Bis zu der im Gebräch stehenden Rotte waren es mehrere hundert Meter. Rasch hatte ich mich bis auf etwa 150 Meter herangepirscht. Da das Gelände hinter den Sauen leicht ansteigt, war auch Kugelfang gegeben. In der Nähe befand sich eine Reihe eng beieinanderliegender Silageballen. Hier setzte ich mich auf den Boden, legte den Entfernungsmesser in die aufgespreizte Gabel des kurzen Zielstocks, visierte mit dem kleinen Gerät die sich vom hellen Untergrund tiefschwarz abhebenden Sauen an und drückte auf den Auslöser: Momente später wurden 124 Meter angezeigt. Die Büchse hatte ich noch kurz zuvor präzise eingeschossen (mit vier Zentimeter Hochschuss auf 100 Meter). Ich legte den Repetierer in die Gabel des Zielstocks und drückte meine Ellenbogen links und rechts in die Silageballen, zwischen denen ich mich förmlich festgekeilt hatte. Dann aktivierte ich den schwach glimmenden Rotpunkt und visierte das Schwarzwild an. Links der Rotte stand ein Überläufer mit dem Wurf nach links breit. Ich wartete noch einen kurzen Moment, spannte die Büchse und sandte das 16,5 Gramm schwere 9,3x62-TMR-Geschoss auf die Reise: Kugelschlag! Dieser Beute konnte ich mir sehr wahrscheinlich sicher sein. Wohlige Erlegerfreude machte sich breit.

Ich schaute zur Kontrolle nochmals durch die Zieloptik: Aber was war denn das? Ich nahm nun auch das lichtstarke Nachtglas zur Hand: Dort lagen nicht nur einer, sondern tatsächlich zwei schwarze Klumpen auf dem Getreideacker. Das konnte doch gar nicht sein! War ich im falschen Film? Ich schulterte die Büchse und marschierte los. Kurze Zeit später stand ich vor einer erlegten Frischlingsbache und einem Überläuferkeiler. Die beiden Stücke lagen nur fünf Meter auseinander. Ringsum glänzte auf den Boden massenhaft Schweiß. Beide Sauen wiesen einen guten Kammerschuss auf: Die Frischlingsbache hatte hochblatt einen glatten Durchschuss und der Überläuferkeiler einen Kammerschuss etwa in gleicher Höhe. Auf der Rechten Körperseite fand ich bei ihm keinen Ausschuss. Offenbar mussten beide Stücke zum Zeitpunkt der Schussabgabe voreinander gestanden haben. Beim Aufbrechen an der Wildkammer stellte sich dann heraus, dass die Kugel (nachdem sie den 26-Kilo-Frischling und die linke Kammer der zweiten Sau durchschlagen hatte) innen im rechten Schulterblatt des aufgebrochen 49 Kilogramm schweren Überläufers stecken geblieben war. Ich habe das Geschoss heute noch. Das Restgewicht des stark aufgepilzten Projektils beträgt genau 11 Gramm. Ich kann mir nicht erklären, warum ich die kleine Sau bei der Schussabgabe übersah. Oder hatte sie beim Ansprechen noch gar nicht vor dem Überläufer gestanden und war einen Moment später in die Schusslinie gelaufen? Wie auch immer: Eine unfreiwillige "Bauerndoublette" hatte nun auch mich ereilt. Zwar lagen die zwei Sauen im Feuer, aber genau genommen war ich nur knapp an einem jagdlichen Desaster "vorbeigeschrappt". Wäre eines der beiden Stücke krank mit der Rotte abgewechselt - ich hätte es wahrscheinlich nicht bemerkt. Wie leicht kann man im Dunkeln am Anschuss etwas übersehen, zumal wenn eine Sau liegt und man mit weiteren, angebleiten Sauen gar nicht rechnet. Seit dieser Nacht habe ich mir geschworen, in Zukunft nach Möglichkeit näher an eine im Gebräch stehende Rotte heranzupirschen, mir beim Ansprechen genügend Zeit zu lassen und generell - auch was die Pirschzeichen anbetrifft - stets sehr genau hinzusehen!

Felsen und Wasser

Es ging an die Mosel. Dort sollten unter anderem auch Teile der bewaldeten Steilhänge des Flusstales und ein verwilderter alter Steinbruch bejagt werden. Mein Stand im dritten Treiben lag am oberen Rand des tief eingeschnittenen Steinbruchgeländes. Die Sonne war mittlerweile herausgekommen und beleuchtete einige der schroffen, hellen Felspartien. Wenn man hinunterschaute, wurde einem fast schwindelig. “Hier soll ich meinen Hund schnallen?”, fragte ich mich. Tief unten, nahe der Sohle des Steinbruches, schaute ich auf eine Brombeerdickung, die in einer regelrechten “Sonnenfalle” lag: Windgeschützt und gut durchwärmt. Von oben gesehen glich dort die Vegetation einem dichten, undurchdringlichen “Dornenverhau”. Vom oberen Rand des alten Steinbruchs stieg bald darauf die Treiberwehr hinab. Auf die sonnenerwärmte Brombeerdickung am Steinbruchgrund regneten nun “Hopp-Hopp-Hopp-Rufe” und Knallkörper herunter - aber nichts tat sich. Keine Sau kümmerte sich darum. Die Treiberwehr stieg nun auf breiter Front immer tiefer. Drahtige junge Burschen in orangeroten Westen, offenbar völlig unerschrocken und zu fast jedem Risiko bereit. Auch einige Terrier, Bracken, Wachtelhunde und andere Rassen waren dabei. Jetzt erst entdeckte ich die Wechsel, die sich durch diese teils bewachsene, teils nackte Felsszenerie hindurchzogen. Man hatte es mir bereits erzählt, doch nun sah ich es mit eigenen Augen: Mitten durch die steilen Klippen und Felswände zogen sich tatsächlich Wildwechsel, die bisweilen auch von den Sauen benutzt werden. Gämsengleich kann sich das anpassungsfähige Schwarzwild nicht nur in den Moselsteilhängen, sondern auch in den Felslandschaften alter Steinbrüche bewegen. Mir verschlug es fast den Atem - zumal sich nun mein geschnallter Wachtelhundrüde einen der steilen Wildwechsel suchte und in den alten Steinbruch hinabwechselte. Das Ganze sah halsbrecherisch aus, denn Felsplatten, Vorsprünge und ausgesetzte “Bergpfade” an steil aufragenden Wänden musste Merlin dabei überwinden. Aber dann war er unten und fuhr mit dem Rest der Meute spurlaut in den Brombeerverhau hinein.

Im gleichen Moment brüllten die nun mehr in den unteren Partien der Steilwände herumkletternden Treiber: “Sauen, Sauen!”. Als sei der Leibhaftige hinter ihnen her, schossen unten urplötzlich sieben stramme Überläufer aus dem Brombeerdickicht. Die Sauenrotte “flog” förmlich zum Steinbruch hinaus und hetzte nun dicht gefolgt von den infernalisch laut gebenden Hunden zu Tal. Ich kam kaum dazu, die Büchse zu heben, geschweige denn zu schießen, weil die Rotte sofort nach dem Verlassen ihres Tagesverstecks durch große Felsvorsprünge verdeckt wurde. Man hätte von meinem erhöhten Standpunkt aus jedoch eine schöne “Bergjagdszene” filmen können. Die Hunde scheuchten die Steinbruchsauen zu Tal und waren wahrscheinlich schon im Bereich der am Fuß des Waldes liegenden Weinberge angekommen. Dort fielen zumindest einige Schüsse. Dann herrschte Ruhe. Ich musste schmunzeln: Da hatten wir also bergziegenähnlich geschickte Moselsauen hochflüchtig in Anblick gehabt, die ihre Kessel zielgenau an einer der wärmsten und unzugänglichsten Stellen des Gebietes angelegt hatten. Schon allein dieses Erlebnis hatte die Anfahrt gelohnt. Der Rüde kam zwar mit einem zerschnittenen Vorderlauf-Ballen von der “Felsjagd” zurück und musste später genäht werden, doch hätte im steilen, scharfkantigen Terrain ja noch weitaus mehr passieren können. Abends lagen dann, dank der guten Arbeit der sauenscharfen Stöberhunde, zumindest einige Sauen mehr auf der Strecke.

Szenenwechsel hin zu Frischfisch, Krabbensalat und “Deichsauen“: Mein Jagdfreund Sven aus Mecklenburg-Vorpommern hat dazu einige Fakten parat, die man augenzwinkernd auch unter der Rubrik “Anpassung des Schwarzwildes an eine semi-aquatische Lebensweise” veröffentlichen könnte. Seine Beispiele aus Mecklenburg, Vorpommern, Teilen Brandenburgs und Sachsens verdeutlichen ebenfalls die erstaunliche Findigkeit des anpassungsfähigen Schwarzwildes: Um an tierisches Eiweiß zu gelangen, erschließen sich Sauen dort nicht nur wechselfeuchte Lebensräume, sondern auch spezielle und neue Nahrungsquellen. In manchen östlichen Auengebieten, alten Torfstichen und Feldtümpeln sowie in Karpfenteichwirtschaften nehmen sie zeitweise nämlich auch Fische und Krebstiere in größerer Menge als Fraß auf. Wenn zum Beispiel in heißen Juli- und

Augusttagen flache, stehende Gewässer beginnen auszutrocknen, oder wenn die Fischteiche im Herbst zur "Karpfenernte" abgelassen werden, dann holen sich die Schwarzkittel meist zu nächtlicher Stunde die im trockenfallenden Schlamm steckenden Schleien, Karauschen, Karpfen und sicher auch noch manchen anderen Fisch. Sie wühlen die Beute dabei ganz gezielt aus dem Morast. Mehrpfündige Fische wie Schleien oder Karpfen werden geschnappt, aufs Trockene gebracht und dort anschließend verspeist. Den Tag verbringen die nun sehr unsteten Rotten oft weitab des Waldes in den Weidengestrüppen und Schilfröhrichten längst der austrocknenden Gewässer - und nachts ist "kollektiver Fischfang" angesagt.

Wenn dann später im Jahr selbst auf den abgeernteten Maisschlägen immer noch reichliche Mengen des pflanzlichen "Mastfutters" zu finden sind, bekommt das Schwarzwild in den Elbtalauen mit einem Mal einen starken Appetit auf Krabbenfleisch. Wie im Rhein, so hat sich die mit Ballastwasser aus Schiffen eingeschleppte und bei uns erstmals 1912 entdeckte Chinesische Wollhandkrabbe ***(Eriocheir sinensis)*** auch in der Weser und Elbe rasant vermehrt. Die Krabbe bekam ihren Namen, weil insbesondere die männlichen Tiere einen dichten „Haarpelz" an den Scheren tragen. Ihr fast quadratischer Rückenpanzer kann bis zu 7,5 Zentimeter lang werden. Die Gesamtbreite einschließlich der langen Beine kann bis zu 30 Zentimeter betragen. Mittlerweile hat dieser proteinreiche Neueinwanderer bei uns über und unter Wasser eine ganze Reihe von Fressfeinden, zu denen auch die Sauen gehören. In den Herbst- und Frühwintermonaten, wenn die Wollhandkrabben sich auf ihre Laichwanderung zurück in die Nordsee begeben und dabei auch größere Strecken über Land zurücklegen, werden die Elbdeiche von den Sauen stellenweise regelrecht umgepflügt, um an jene Krabben zu kommen, die sich vorübergehend in der Grasnarbe versteckt haben. Geknackte Panzer und zerbissene Beinglieder samt einer umgebrochenen Deichnarbe bezeugen dann das nächtliche Treiben der Sauen. Jedes Jahr kommen in elbnahen Revieren einige krabbenfressende "Deichsauen" zur Strecke, die auf der nächtlichen Pirsch oder von deichnahen Ansitzeinrichtungen aus erlegt werden.

Auf Bewegungsjagden, die in der Nähe von Wasserflächen stattfinden, kann es immer wieder vorkommen, dass "unter Druck" geratene Sauen das Wasser annehmen und ihr Heil in einer schwimmenden Flucht suchen. So zum Beispiel geschehen in Brandenburg, als eine rinnende Wutz von einem Drückjagdschützen in einem kleinen Waldssee erlegt wurde. Dort versuchte die Sau, vor den Hunden zu entkommen. Ein Schuss "voll auf die Breitseite" - wie im Piratenfilm - gestaltete sich wegen "der tiefen Schwimmlage" als schwierig. Die Kugel fasste dann kurz unterhalb der Wasserlinie zu. Das gestreckte Stück versank nicht und konnte am Ende der Jagd mit dem Dienstboot der Försterei geborgen werden.

Und dann gibt es da noch eine fast unglaubliche "Wassersauenjagdgeschichte", die tatsächlich so passiert ist: Ein Waidmann aus Oberwinter bei Bonn, wagte vor einigen Jahren im Winter eine geradezu eiskalte Bergung. Die Geschichte spielte sich im bergischen Land während einer Drückjagd im Umfeld der Wiehltalsperre ab. Dem Jäger war ein Stand in der Nähe des Ufers zugewiesen worden. In der Nähe befand sich ein Bacheinlauf, der in einen Arm der Talsperre einmündete. Etwa 30 Meter vom Stand entfernt, führte ein Wechsel am Talsperrenufer entlang. Bereits wenige Minuten nach Jagdbeginn kam dort ein Fuchs und lag Augenblicke später im Knall. Meister Reinecke verendete mitten auf dem Wechsel. Nach etwa einer Stunde näherte sich Hundegeläut. Spurlaute Wachtelhunde folgten einer warmen Fährte. Kurz darauf wechselte am Talsperrenufer im zügigen Troll eine Bache mit vier braunen Frischlingen an. Sowie die Bache den auf dem Wechsel liegenden Fuchs erreicht hatte, verhoffte sie kurz. Im nächsten Moment bog die kleine Rotte blitzschnell nach rechts in den Uferhang ab. Dann nahm die hangabwärtsstürmende Bache samt Frischlingen das Wasser an. Die Rotte erreichte zügig rinnend eine flach überspülte Sandbank, die sich im Bachmündungsbereich befindet. Der Jäger backte an und erlegte einen der Frischlinge, der auf dem Schwemmland breit aus dem Wasser herausragte. Der Rest der Rotte entkam zum gegenüberliegenden Ufer. Ein zweiter, nachgeworfener Schuss ging fehl. Die gestreckte Sau lag nun im Wasser und berührte anfangs den Untergrund der Sandbank. Doch was war das? Nach rund einer Stunde schien erneut Bewegung in das erlegte

Stück zu kommen: Mit einem Mal begann die tote Wutz langsam in der Strömung des einfließenden Baches abzutreiben! Mittlerweile war die Jagd zu Ende gegangen und der Schütze war fest entschlossen, seine Jagdbeute nicht zu verlieren. Mit den kurzen Stiefeln kam der passionierte Jäger im flachen Wasser des Bachschwemmlands aber nicht bis an das Stück heran. Also wechselte er zurück ans Ufer, entledigte sich dort vollständig seiner Kleidung, stieg mit Todesverachtung in die eiskalten Fluten und legte das letzte Wegstück bis zu seiner abtreibenden Wutz sogar schwimmend zurück. Er bekam einen der Läufe des Frischlings zu fassen und bewegte sich dann, mit seiner Sau rückenschwimmend, wieder zum Ufer. "Fast genauso wie ein Rettungsschwimmer einen Ertrinkenden bergen würde", erzählte er mir später. Nach dem Ankleiden begab er sich zum Sammelpunkt. Am Streckenplatz angekommen, ahnte die Jagdkorona zunächst noch nichts von dem eisigen "Wassergang". Bis der zuständige Dezernent und Jagdleiter ihn fragte: "Sagen Sie mal, warum haben Sie denn nasse Haare?"

Nahkampf im Moor

Im Eigenjagdrevier "Wilhelm und Britta Meyer Forst Pastitz" auf der Insel Rügen gibt es im Wald mehrere Kesselmoore. Während der letzten Vereisung vor rund 20.000 Jahren haben dort mächtige Inlandeismassen gewaltige Eisblöcke ins Erdreich gedrückt und später mit Grundmoränenmaterial überdeckt. Erst nach und nach schmolzen dann in der Nacheiszeit die vom Gletscher begrabenen Eisbrocken ab. So kam es schließlich in den darauffolgenden Vegetationsperioden zur Ausbildung von Moortümpeln und "Kesselmooren". Diese Moore sind heute von Erlen, Birken, Hainbuchen, Eichen und Buchen umstanden und an vielen Stellen dicht mit Schilf und anderen Sumpfgräsern bewachsen. Im Sommer brüten dort Kraniche und ziehen ihre Jungen auf. Dies geschieht völlig ungestört. Nur ab und zu müssen die Altvögel mit weit ausgebreiteten Schwingen und mit viel Getöse zu einem wilden Scheinangriff übergehen, wenn ein Fuchs oder ein Marderhund der Brut zu nahe kommt, oder wenn wieder einmal Sauen in ihrer Nähe durchs Moor ziehen - was auf Rügen nicht selten vorkommt. Inmitten der Kesselmoore erheben sich stellenweise sandige Inseln, auf denen sich manchmal starke Rotten häuslich niederlassen. Wie auf einer Wasserburg kann sich das Schwarzwild dort die meiste Zeit des Jahres über sehr sicher fühlen, im trockenen Kessel liegen und in aller Abgeschiedenheit die Sonne wohlig auf das Borstenkleid scheinen lassen. Es gibt dort auch Suhlen, mit deren Hilfe sommerlichen Insektenplagen durch ausgiebige "Moorbäder" und "Fangopackungen" begegnet werden kann. Insgesamt also ein regelrechtes "Borstentier-Wellnessgebiet". Man könnte auch sagen: Das perfekte Sauen-Eldorado! Wenn die Waidgesellen nicht wären, welche in der Drückjagdsaison den Schwarzkitteln hin und wieder auf die Schwarte rücken würden...

Moore bestehen an der Oberfläche zu größeren Teilen aus "Bulten" und "Schlenken": Die "Bulten" werden beispielsweise aus Binsen-, Sumpfgras- oder Schilfhorsten gebildet, welche über die Wasseroberfläche hinausragen oder bei höherem Wasserstand zeitweise auch darunter liegen können. Man kann sich über die Bulten zwar oft fortbewegen, doch das Ganze hat seine

Tücken. Die umgebenden Wasserrinnen und zwischen den Bulten befindliche Moorlöcher werden als "Schlenken" bezeichnet, in die man besser nicht hineingerät! Das Schwarzwild der Region hat sich dem amphibischen Lebensraum bestens angepasst. Durch die Moore und deren ausgedehnte Schilfröhrichte verlaufen daher zahlreiche Wildwechsel.

In der Randzone des Serpin-Moors zog plötzlich ein Überläufer auf einem dieser Wechsel im Schilf seine Fährte. Es war das erste Stück Wild, das ich an diesem frostigen Wintermorgen vom Drückjagdstand aus in Anblick bekam. Das gesamte Moor war damals von einer dünnen Eisschicht überzogen. Die Sau trollte, vom Schilfrohr meist verdeckt, von rechts kommend, breit und nahezu geräuschlos an mir vorbei. Als der Wildkörper in einer Lücke des wogenden "Schilfmeeres" kurz frei war, ließ ich das 9,3x62-Projektil fliegen. Die Sau zeichnete nur mäßig, setzte aber ihren Weg ins Moor nun beschleunigt und laut krachend fort. Einen Moment später vernam ich von rechts meinen Wachtelhundrüden, welcher spurlaut auf der Fährte der soeben beschossenen Sau anwechselte. Merlins Laut wurde nochmals giftiger, nachdem er den Bereich des Anschusses passiert hatte. Dann folgte der Hund der Sau ins Moor und tiefe Wasser hinein. Die dünne Eisschicht war bereits unter der Last der kranken Sau mehrfach eingebrochen. Im Eiswasser schwimmend, kämpfte sich der weiterhin Spurlaut gebende Rüde ins Moor hinein. Danach geriet er aus meinem Blickfeld. Eine starke Schwarzwildrotte brach bald darauf links von meinem Stand krachend aus dem Schilfröhricht heraus und tauchte sofort in einer nahen Dickung unter. Pfiffige Burschen - wirklich ganz schön gerissen: Offenes Gelände wurde total gemieden! Sehen konnte ich die Sauen nicht - aber hören! Irgendwann kam der Hund dann nass, dampfend und völlig abgekämpft wieder zum Stand zurück. Leider konnte er mir zum Verbleib der beschossenen Sau aber nicht viel erzählen. Es blieb meines Wissens auch ungeklärt, wo diese "Moorsau" letztlich abgeblieben ist. Das Eis war damals zu dünn, um die feuchten Moorbereiche durchzudrücken oder um gezielt nachsuchen zu können. Die Treiberwehr traute sich an diesem Wintertag nur in die äußeren Randgebiete des Moores.

Das Telefon klingelte und Willi Meyer war am Apparat: "Hallo Wolfgang, hast Du meine Mail nicht bekommen? Wir wollen doch im Januar bei uns wieder auf Sauen, Damwild, Rehe, Fuchs und Marderhund jagen. Aus dem Serpin-Moor haben sich bei der letzten Jagd wahrscheinlich um die 100 Sauen ins Nachbarrevier verdrückt. Außerdem laufen dort noch zwei dicke Keiler herum. Könntest Du auch Deinen Hund mitbringen?". Die besagte Mail muss wohl mit anderen "spams" irrtümlich ins digitale Nirwana geklickt worden sein. Spontan sagte ich der Einladung zu. Einige Tage später brach ich zusammen mit Martin und Anne, sowie unseren Jagdhunden Grandel und Merlin nach Rügen auf. Die Autobahntour wurde ausgiebig zur Kommunikation über jagdliche und fliegenfischereiliche Themen sowie zur Rehwildbeobachtung genutzt. So verging die vielstündige Fahrt fast wie im Flug.

Im ersten Treiben konnte ein Mitjäger aus einer anwechselnden Rotte in rascher Folge drei Frischlinge erlegen. Die Sauen gerieten daraufhin stark beschleunigt in Martins Schussfeld, der einen weiteren Frischling traf. Die Wutz zeichnete schwer, aber sie konnte noch mit dem Rest der Rotte abwechseln und erhielt kurze Zeit später, im Wundbett liegend, von einem durchgehenden Hundeführer den Fangschuss. Willi konnte eine kranke Sau, zwei Frischlinge sowie ein Damschmaltier strecken und auch an anderen Ständen war Beute gemacht worden. Trotz des sehr milden und teils stürmischen Wetters war das ein guter Jagdauftakt. Die Treiberwehr hatte bei diesen Temperaturen im Moor jedoch gewisse Probleme: Von Eis keine Spur! Daher trugen die erfahrenen Meuteführer Ulrich, Peter und Ralf, die gekommen waren, um auch die Moorflächen effektiv durchzudrücken, heute brusthohe Wathosen.

Während des zweiten Treibens, etwa gegen 12:30 Uhr, geht Ralf Otterstedde mit seiner Meute, mit der er manchmal auch im Saupark Springe im Einsatz ist, nahe einer alten Slavenfestung ins Serpin-Moor. Dies ist das flächenmäßig größste Kesselmoor im Forst Pastitz, wo es auch die schon erwähnte, von einem tiefen Wassergraben umgebene große "Saueninsel" gibt. Ralf hat dort im Vorjahr einmal um die 40 Schwarzkittel inklusive einer sehr starken, schwarzen Leitbache stehen sehen. Die Sauen sicherten damals von der Insel aus zur Treiberwehr und zu den Hunden hinüber - quasi nach dem Motto: “Wolln’ doch erst mal abwarten, ob ihr es überhaupt durch das Wasser bis zu uns herüber schafft - bevor wir von unserer Burg abrücken!”

Ralf hat zwei Griffons, drei Deutsche Jagdterrier und den Wachtelhundrüden Nero dabei, während seine Frau mit den beiden Bayerischen Gebirgsschweißhunden außerhalb des Moores bleibt. Die von ihm maßgeblich mitentwickelte, sowohl als Messer einsetzbare, als auch auf einen Jagdstock aufschraubbare “Gramlich-Saufeder” hat er fest im Griff. Die zweischneidige Klinge ist circa 21 Zentimeter lang und aus gehärtetem Edelstahl. Um beim Abfangen einer Sau Luft eindringen und Schweiß ausfließen zu lassen, ist die robuste Spezialklinge in der Mitte zwölf Millimeter breit und etwa 15 Zentimeter lang ausgefräst. Plötzlich ein lautes Krachen: Einige Sauen vor der Treiberwehr aus dem hohen Schilf heraus. Ralf führt seine Hunde etwa 30 Meter ins Moor, dort werden sie geschnallt. Hier muss man sehr gut aufpassen, denn Wassergräben, die stellenweise bis über zwei Meter tief sein können, durchziehen das gesamte Gebiet. Zudem lauern neben den Bulten, über die man sich teils schwankend fortbewegt, überall wassergefüllte Schlenken mit Löchern, in die man schnell bis zum Bauch oder noch tiefer einsinken kann. Der etwa 1,80 Meter lange teilbare Jagdstock dient deshalb im Moor auch immer wieder dazu, vor dem nächsten Schritt die Wassertiefen zu sondieren. Auch die Hunde kämpfen sich voran. Besonders die Terrier haben es in dieser nassen Landschaft, in der sie teilweise kaum laufen können, alles andere als leicht. Dann taucht im Moor die berühmte “Saueninsel” vor ihnen auf. Diesmal steht kein Schwarzwild auf der “Wasserburg”, doch seitlich des Eilands haben die Hunde plötzlich eine Sau gestellt.

Ralf hat den lauten “Bail” kurze Zeit später in Anblick: Eine rabiate 65-Kilo-Bache nimmt die Hunde mehrfach ungewöhnlich aggressiv an. Doch die vierläufigen Jagdhelfer lassen nicht von der Sau ab. Das Stück hat an einem Hinterlauf eine klaffende Schnittverletzung, die durchaus von einem Draht herrühren könnte. Vielleicht ist dies auch der Grund, warum sich die Bache den Hunden so wütend stellt. Sowie die Sau den noch etwa 20 Meter entfernten Hundeführer bemerkt hat, dreht sie sich mit einer blitzschnellen Kehrtwendung zu ihm um und nimmt ihn an. Urplötzlich ist die wütende Sau bei Ralf und rennt ihm mit voller Wucht seitlich gegen sein rechtes Knie. Er stößt mit der Saufeder nach der Angreiferin, um sie wieder etwas auf Abstand zu bringen. Die Sau dreht sich daraufhin wieder um und nimmt einen der Terrier frontal an. Ralf greift in diesem Moment zu seiner kurzläufigen Nachsuchenbüchse. Um den Hund möglichst nicht zu gefährden, schießt er der Sau mit der R 93 von hinten aus einer Distanz von etwa zehn Metern auf die rechte Keule. "Ich musste ja irgendwie erreichen, dass die Sau langsamer wird", erinnert sich Ralf später. Sofort nach dem Schuss wendet die zornige Bache erneut, um ein zweites Mal auf den Hundeführer loszustürmen. Dabei überennt sie seinen "Bodyguard", den schutzwesten-bewehrten Griffonrüden Jack, welcher todesmutig dazwischengesprungen ist. Der große Griffon schaut danach nur noch mit dem Kopf aus dem schwarzen, kalten Moorwasser heraus. Sein rechter Vorderlauf hat einen harten Schlag abbekommen. So dauert es etwas, bis der Rüde wieder auf die Läufe kommt. Im gleichen Moment springt Ralfs Jagdterrier Mirko auf die Sau und beißt sich wütend in deren Rückenschwarte fest, während die Terrierhündin Fleur an einer der Keulen zufasst. Trotzdem kommt die weiter attackierende Bache wieder hautnah an den bereits bis zum Bauch im Wasser stehenden Hundeführer heran. Die Terrier lassen nicht locker. Sie hängen beide noch immer an dem offenbar zu allem entschlossenen, wehrhaften Schwarzkittel. Dann endlich kann Ralf den Nahkampf mit einem seitlich auf den Teller aufgesetzten Schuss (8x57IS-Norma-Vulkan) beenden. Endlich Ruhe! Mit zerschossenem Schädel liegt die gestreckte Sau etwa 30 Zentimeter vor ihm im Moor. Es dauert eine Weile, bis die Hunde schließlich von der toten Sau ablassen.

Erst jetzt kommt der erfahrene Meuteführer etwas zum Atemholen: Niemals zuvor hat sich ein Stück Schwarzwild ihm und seinen Hunden so massiv gestellt. Dass sich eine Sau zweimal quasi auf dem Punkt herumdreht und derart aggressiv zur Sache geht, hat er bis dahin noch nicht erlebt. Die wehrhafte Bache, so stellt man später fest, war weder führend, noch hatte sie inne. Am Rücken fehlten ihr reichlich Federn. Da hatte der unerschrockene Mirko die Schwarte stellenweise regelrecht blankgefetzt. “Die verletzte Sau wusste scheinbar genau, dass sie im Moor bleiben muss, wenn es ringsum knallt. Vielleicht hat sie uns deshalb so wütend angenommen”, meinte Ralf nach dem Streckelegen.

“Ja, bei der Sauenjagd im Moor kam man schon so einiges erleben”, kommentierte Willi das geschilderte Erlebnis und erzählte dann, dass er im Serpin-Moor während einer seiner Drückjagden selbst einmal in einen “Nahkampf” mit einer “Moorsau” verwickelt war: Damals hatten ein Terrier und eine Laika im Randbereich des Moores einen kranken Überläufer gestellt. Willi näherte sich über die Bulten vorsichtig dem lauten “Bail”. Aber genau in dem Moment, als er an die von den Hunden gebundene Sau herangekommen war, rutschte urplötzlich sein linkes Bein förmlich ins Leere. Der Jäger glitt bis zur Hüfte in eine tiefe Schlenke hinab. Bei dieser unfreiwilligen Schussfahrt fuhr sein bereits gezücktes Jagdmesser glücklicherweise genau in den Stich der zu diesem Zeitpunkt auf zerschossenen Keulen vor ihm hockenden Sau. Auf diese nicht ganz alltägliche Weise fing er das Stück sozusagen im “Vorbeiflug” ab und steckte nun - genau wie es Ralf ergangen war - im Moor neben einer schlegelnden Sau.

Direkt nach der Jagd, zusammensitzend bei einer Flasche “Hühnersuppe”, wie das Bier mit dem Auerhahn-Etikett scherzhaft auch genannt wird, konnte man schon wieder etwas lockerer mit den nervenaufreibenden Sauengefechten in den urigen Mooren auf Rügen umgehen. Man schmiedete auch schon wieder Pläne für die nächste Drückjagdsaison. Aber zumindest beim Schüsseltreiben humpelte Ralf immer noch...

Maiskeiler

Der hochstehende Mais reflektierte das Licht der fast zum Vollmond gerundeten "Sauensonne". Direkt davor lag ein Ackerstreifen mit Maisstoppeln, denn hier hatte der Bauer bereits einen kleinen Teil des Feldes abgeerntet. Am Maisschlag befand sich eine Kanzel. In dieser Septembernacht hatte ich mir vorgenommen, von hier aus das noch voll im Saft stehende "Güllerohr" zu bewachen. Auf Grund bereits vorhandener Wildschäden gab es bei dieser Schadensbegrenzungsaktion in Anlehnung an den Film "Lawrence von Arabien" nur die Losung: "Keine Gefangenen!" Vor dem Aufbaumen, rief ich kurz unseren Jagdaufseher an, so war es abgesprochen. Er befand sich in einem anderen Revierteil auf dem Ansitz an einer Sauenkirrung und war reichlich aufgeregt: Zehn bis zwölf Sauen hatte er vorgehabt, aber angeblich nur für wenige Augenblicke. Die Sauen seien schnurstracks auf die Kirrung gezogen und hatten dort dicht zusammengestanden. Auf die Schnelle hatte er keines der Stücke frei bekommen und sowie er sich versah, war das Schwarzwild auch schon wieder weg. Seine ansonsten meist robuste Gemütslage war daraufhin ein "wenig" aus dem Lot geraten...

Ich baumte auf. Das Mondlicht war gleißend hell, aber nichts tat sich. Kurz nach Mitternacht - ich war wohl gerade ein wenig eingenickt - zerriss rechts von mir ein Schuss die nächtliche Stille. Sofort war ich hellwach. Im Nachbarrevier hatte offenbar nicht weit von der Grenze entfernt ein anderer Jäger auf einer der dortigen Leitern angesessen und irgend etwas unter Feuer genommen. Ich tippte auf Schwarzwild, denn auch bei den Nachbarn musste ein angrenzendes Maisfeld gegen nächtliche Sauenübergriffe verteidigt werden. Wie ich später von dem Jäger erfuhr, hatte er tatsächlich eine einzeln ziehende Sau auf runde 150 Meter in Anblick bekommen und dann quasi nur noch hinterhergeschossen, um das Maisfeld zu schützen. Was dann kurze Zeit später geschah, erinnerte mich mehr an winterliche Drückjagdszenen, als an frühherbstliche Ansitznächte. Der Schuss bei den Nachbarn war nämlich noch nicht lange verklungen, da vernahm ich anwechselndes Wild. Am linken Rand des Maisschlages tauchte vor mir plötzlich ein mittelgroßes, einzelnes Stück Schwarzwild auf. Es verhoffte kurz und trollte dann über den abgeernteten Ackerstreifen genau auf meine Kanzel zu. Der Griff zum Repetierer, das Aktivieren des heruntergedimmten Leuchtpunktes und das Spannen der Büchse passierten innerhalb einer sehr kurzen Zeitspanne. Doch irgend etwas musste die Sau spitzbekommen haben: Kaum dass ich angebackt hatte, verhoffte das Stück und sicherte mit aufgestellten Tellern zu mir herüber. Ich konnte die Lichter der schwarzen Sau im Mondlich funkeln sehen. Die Schussdistanz betrug vielleicht 30 Meter. Die Sau verhoffte für Sekunden - dann warf sie sich in einer flinken Wende herum und wechselte in hohem Tempo direkt vor mir nach rechts ab. Auf Grund des hellen Mondlichts war das nächtliche Mitfahren und Visieren bestens machbar. Der Leuchtpunkt des Absehens muss sich im Bereich des Tellers der plötzlich "brettelbreit" wegspurtenden Sau befunden haben, als ich fliegen ließ. Die Sau quittierte das Empfangen der Kugel (.308-Win.-TMR, 11-Gramm-Geschoss) mit einer rasenden "Todeskurve" in den Mais hinein. Dort war mehrfaches Krachen zu vernehmen, Maisstauden wurden niedergewalzt. Dann herrschte Ruhe. Ich rief den Jagdaufseher an und berichtete vom "ungeordneten, lauten Abgang" der Sau. Wir waren optimistisch, zumal ich meinte, gut abgekommen zu sein.

Gegen 1:00 Uhr nachts war der Jagdgenosse zur Stelle. Am Anschuss fanden sich im feuchten Ackerlehm tiefe Eingriffe und etwas Lungenschweiß. Einige Meter weiter nahm die Schweißmenge zu. Der Wundfährte folgend, gelangten wir rasch an den Rand des besagten Maisschlages, in dem die Sau nach dem Schuss vor etwas weniger als einer Stunde verschwunden war. Hier fand sich im Schein der Lampen sehr viel Schweiß: Auf dem Ackerboden und ferner abgestreift an den Maispflanzen. Einerseits schien das Stück einen guten Kammerschuss zu haben und die Schweißmenge war erfreulich hoch. Andererseits handelte es sich nicht um einen Frischling - und das konnte bitterböse Überraschungen nach sich ziehen. Nachdem wir also bereits euphorisch einige Meter in den übermannshohen Mais hineingelaufen waren, blieben wir jetzt mit einem recht unguten Gefühl in der Magengrube stehen: "Das ist nicht gerade ungefährlich, was wir hier machen", sagte ich. Mit den Lampen konnte man im dichten Mais quasi nur noch vor den Füßen herumleuchten. Zweifel kamen auf: War der Schuss wirklich gut? Was, wenn die Sau noch am Leben ist und sich hier irgendwo eingeschoben hat? Was, wenn sie uns im dichten "Mais-Dschungel" urplötzlich annimmt? Sind die Langwaffen mitten im Mais nicht völlig nutzlos? Wären Kurzwaffen (z. B. im Kaliber .357 Magnum) jetzt nicht viel besser? Die Risiken waren nicht kalkulierbar, aber das Wildbret wollten wir auch nicht verludern lassen. Wir setzten also die nächtliche Nachsuche im Mais fort - auch weil der Schweiß zuzunehmen schien. Der Jagdaufseher ging voran und hatte die Bockbüchsflinte (geladen mit Kugel und Flintenlaufgeschoss) im Anschlag, wohl wissend, wie schlecht die Chancen verteilt wären, wenn es wirklich ernst würde. Er stieß kurz darauf auf einen kurzen Widergang - dann kam endlich der erlösende Satz: "Da liegt die Sau - Waidmannsheil!"

Hochflüchtiger Keiler

Wir waren vom Anschuss bis zum Rand des Maisfeldes eine Wundfährte von rund 30 Meter ausgegangen und dann noch etwa 50 Meter in den Mais "hineingekrochen". Jetzt lag ein strammer Überläuferkeiler (aufgebrochen 61 Kilogramm schwer) vor uns. Im Hinüberwechseln zu Diana hatte sich die Sau im Mais noch gewälzt: Ringsum plattgewalzte Stauden und nochmals massenhaft Schweiß. Der Kammerschuss hatte knapp über dem Herzen die Hauptgefäße abgerissen; Ausschuss war vorhanden. Dennoch sagten wir uns damals: Nachts im Mais nachsuchen - einmal und nie wieder!

Als ich dann später von einer anderen, weniger glücklich verlaufenen nächtlichen Keiler-Nachsuche im Mais erfuhr, wurde mir nochmals bewusst, wie leichtsinnig derartige Aktionen tatsächlich sind. Die Sache ging für den betreffenden Jäger schlimm aus: Der im Maisschlag steckende Keiler nahm die nachsuchenden Grünröcke ohne jegliche Vorwarnung an und schärfte im Vorbeiwechseln einem von ihnen mit einem einzigen Hieb am Kniegelenk außen Bänder und Muskelansatzstellen ab. Der schwer verletzte Waidmann musste mehrfach operiert werden und konnte lange Zeit danach noch nicht wieder richtig laufen.

Spannende Nächte

Kay aus Schermbeck kam zu Besuch. Im Märzmond wollten wir gemeinsam auf Sauen jagen. Da unsere Kirrungen in den Tagen zuvor stets angenommen waren, rechnete ich mir für den Jagdgast eine “nahezu hundertprozentige” Erfolgschance aus. Wir rückten nach Einbruch der Dunkelheit aus und baumten auf einer Kanzel auf, deren Kirrung ständig von einer offenbar stärkeren Rotte besucht worden war. Es kam jedoch eine einzelne Sau, die von uns als “hypernervöse, führende Bache” angesprochen wurde. Das Stück war vorsichtig, misstrauisch und zudem ausgesprochen unruhig. Wahrscheinlich handelte es sich um eine Bache, die gerade irgendwo in der Nähe gefrischt hatte und von ihrem Wurfkessel nur schnell zur Kirrung gelaufen war, um dort etwas Fraß aufzunehmen. Sie machte sich kurz und hektisch an den Feldsteinsteinhaufen zu schaffen, unter denen der Mais verborgen liegt. Dann war sie schon wieder im Wald verschwunden. Auf die erhoffte Rotte warteten wir in dieser Nacht vergebens. Wir baumten ab, fuhren nach Hause, verspeisten dort eine Portion delikaten Wildschweinschinken und schmiedeten bei einer “Gerstenkaltschale” die Sauenjagdpläne für den nächsten Ansitz.

Von einem Tag zum anderen wurde es knackig kalt und zudem gab es reichlich Neuschnee. Das nächtliche Sauenrevier südlich von Bonn war am 11. März 2006 schneebedeckt und der Vollmond bescherte eine unglaubliche Sicht. Die Lufttemperatur fiel auf minus neun Grad Celsius. Am Abend entschied sich Kay dazu, es doch wieder an gleicher Stelle zu versuchen. Irgendwann musste die große Rotte, die zuvor laufend die besagte Kirrung besucht hatte, ja schließlich wiederkommen. Ich überlegte, wo ich mich ansetzten könnte und entschied mich für unser großes Feld. Dort befinden sich am Waldrand mehrere Kanzeln, von denen man eine große Fläche überblicken kann. Gegen 20:30 Uhr baumten wir auf. Kay sollte in aller Ruhe seine Sau schießen und ich wollte mir die Zeit an der tief verschneiten Feldflur mit Wildbeobachtungen vertreiben. Jedes Stück Rehwild oder Damwild, was austreten sollte, würde einen tollen Anblick bieten. So saß ich dort im warmen Ansitzsack, blickte gegen 22:00 Uhr aus dem rechten

Kanzelfenster - und sah Sauen! Etwa 65 Meter entfernt war eine Rotte von 12 Stücken Schwarzwild ausgetreten. Die Sauen schoben eifrig den Schnee beiseite und machten sich über die darunterliegende Getreidesaat her. Es handelte sich um einige stärkere Stücke und zahlreiche Frischlinge. Leise und vorsichtig öffnete ich das rechte Kanzelfenster - genau von hier kam nämlich der Wind und feinster Schnee hereingeblasen - und schob meinen Geradezugrepetierer in Position. Die Sauen standen dicht beisammen. Daher wartete ich auf eine passende Gelegenheit. Um 22:12 Uhr stand links der Rotte ein Frischling breit, frei und still. Ich spannte die Büchse und ließ fliegen: Kugelschlag! Die Rotte ging in einer aufstäubenden Schneewolke hochflüchtig nach rechts ab. Kurz nach dem Schuss hatte ich links auf dem Feld zwei versprengte Überläufer und hinter mir im verschneiten Wald eine stärkere Sau in Anblick, konnte jedoch nicht schnell genug reagieren, weil die entsprechenden Kanzelfenster zu waren. Ich sammelte meine 25-Kilo-Frischlingsbache ein und rief Kay an. Er hatte den Schuss über das weite Feld hinweg natürlich gehört. Ihm war saukalt. Während ich an der Wildkammer die Wutz aufbrach und versorgte, musste Kay seine blaugefrohrenen Finger an der laufenden Autoheizung erst einmal wiederbeleben. Ich hätte wer weiß was darum gegeben, wenn nicht ich, sondern der Jagdgast in dieser Nacht die Sau geschossen hätte.

Am 7. April 2006 kommt Martin aus Arnsberg. Mit ihm zusammen habe ich schon manche Angelexpedition zum Lachsfischen nach Irland und Norwegen und Pirschgänge mit künstlicher Fliege auf heimische Forellen und Hechte unternommen. Und wir genießen immer wieder das gemeinsame Jagen, wenn es zeitlich irgendwie klappt. Rasch werfen wir die Siebensachen in den Geländewagen, rumpeln ins Revier und sitzen um 21:30 Uhr auf den Kanzeln: Martin am großen Feld und ich am kleinen Feld. Der Jagdgast hat Damwild und Rehwild vor. Bei mir zeigen sich ebenfalls zwei Rehe. Die Sauen lassen sich auf der "freien Pläne" noch nicht blicken. Gegen Mitternacht beschließen wir, uns im Wald nahe der Feldflur auf einer Kanzel gemeinsam anzusetzen. Die Sauenkirrung vor dieser Ansitzeinrichtung wird vom Schwarzwild häufig auch nach der "Geisterstunde" besucht. Das Licht auf der Kirrung ist eher mäßig. Wir lauschen in die kühle Nacht hinaus.

Nicht lange danach knistert und raschelt es. Kurze Zeit später wechselt ein Dachs in der Nähe der Kanzel vorbei. Meister Grimbart ist noch nicht lange außer Hörweite, da ist rechts vor uns im Holz mehrfach deutliches Knacken und Brechen zu vernehmen - Schwarzwild! Die Rotte kommt immer näher heran. Die Spannung steigt. Bald sind die Sauen - für uns leider immer noch unsichtbar - irgendwo rechts neben der Kanzel aktiv. Werden sie gleich an der Kirrung auftauchen? Nichts kommt in Anblick. Es knackt und grunzt, doch die Rotte zieht im Wald an uns vorbei. "Du, die ziehen offenbar aufs Feld!", flüstere ich Martin zu. Er sitzt links neben mir und kann aus dem seitlichen Kanzelfenster beim Blick schräg nach hinten einen winzigen Ausschnitt des großen Getreideackers einsehen. "Lass uns bald abbaumen", flüstere ich. Genau in diesem Moment hat Martin die Rotte auf der Mönchsheide bereits erspäht: "Da - ich sehe sie! Sie sind schon aufs Feld gezogen." "Dann nichts wie los," gebe ich zurück. Wir baumen zügig ab und pirschen an den Rand des Feldes. Wo sind die Sauen? Links von uns haben wir die Rotte plötzlich im Glas - keine 100 Meter weit weg. Es handelt sich um eine reine Frischlingsrotte - acht oder neun Stücke. Und sie sind überaschend flink auf den Läufen. Parallel zum Feldrand verlagert die Rotte laufend ihre Position. Wir folgen den Sauen in gebückter Haltung, die Büchsen und den Zielstock in der Hand. Kurze Zeit später haben wir uns bis auf etwa 60 Meter an die im Gebräch stehende Rotte herangepirscht.

Wenn man sich leise genug verhält und wenn der Wind passt, kann man Sauen, die im Gebräch stehen, nachts hervorragend angehen. Jede sich bietende Deckung wie Schattenbereiche am Feldrand, Hecken, Baumreihen, Silageballen, Geländesenken und Gräben, sollte man dabei ausnutzen. Außerdem ist auf Kugelfang zu achten! Daher bieten sich waldnahe Senken und Feldbereiche mit dahinter ansteigendem Gelände besonders für das nächtliche Pirschen an. Sogar nachts können mancherorts Wanderer Jogger und Nordic Walker unterwegs sein. Deshalb steht die Sicherheit immer ganz oben.

Es ist überaus spannend, wenn man nachts eine Rotte vor sich hat. Aber übermäßiges Jagdfieber erhöht auch den "Zitterfaktor" erheblich. Das kann

Jagdchancen mitunter völlig zunichte machen. In jener Nacht ist dies leider nicht anders: Der Jagdfreund ist zu aufgeregt. Links der Rotte steht kurz darauf ein relativ schwaches Stück Schwarzwild breit, frei und still. Hinter der Rotte bietet das Erdreich sicheren Kugelfang. Nachdem ich geschossen habe, liegt die Sau (erlegt mit 9,3x62-TMR, 16,5 Gramm-Geschoss) am Ende einer kurzen Schweißfährte mit einem Kammerschuss am Waldrand.

Nach dem Bergen und Versorgen des Stücks an der nahe gelegenen Wildkammer, sage ich zu Martin: "Es ist jetzt 3:30 Uhr. Lass uns auf jeden Fall nochmal zum Feld fahren und die Fläche abglasen, bevor es heimwärts geht." Kaum stehen wir vor Ort, da sind im nahen Wald tatsächlich Sauen zu vernehmen. Kurze Zeit später tritt eine gemischte Rotte von rund zwölf Stücken Schwarzwild aufs Feld aus. Der Wind passt und Kugelfang ist gegeben. Schussentfernung: Runde 80 Meter. Rechts steht eine Sau neben der Rotte frei und breit. Diesmal atmet der Jagdfreund tief und ruhig durch, dann erfolgt sein Schuss. Aber ich höre keinen Kugelschlag. Am vermuteten Anschuss findet sich im Schein der Lampen kein Schweiß.

Am nächsten Morgen sind wir mit Martins Bracken wieder zur Stelle und suchen nach Pirschzeichen. Mit einem Mal zieht Grandel die Schweißleine straff. Die Deutsche Bracke arbeitet sehr ruhig und führt uns zielgenau in die Richtung, in der die Rotte in der vergangenen Nacht abgewechselt ist. Nach etwa 150 Metern verweist sie am Waldrand einen Tropfen Schweiß. Nach weiteren 100 Metern stehen wir am erlegten Stück, einer nicht führenden 42-Kilo-Überläuferbache. Wieder einmal zeigt sich, wie wichtig bei der Schwarzwildjagd eine Kontrollsuche mit einem brauchbaren und nachsuchenerprobten Hund ist - selbst wenn kein Kugelschlag zu hören war und sich am Anschuss kein Schweiß befindet. Es muss noch erwähnt werden, dass im gleichen Zeitraum zum Beispiel in Nordrhein-Westfalen nur Frischlinge frei gewesen wären. In Rheinland-Pfalz (Seuchengebiet) war dagegen auch stärkeres Schwarzwild frei - mit Ausnahme führender Bachen. Wegen des nasskalten Frühjahrs 2006 waren die ersten Frischlingssätze in der Region meist komplett verendet. Zumindest hatten wir zum damaligen Zeitpunkt bei uns nicht eine einzige führende Bache in Anblick. Statt dessen hatte bei uns Anfang April 2006 das weibliche Schwarzwild in der Regel inne. Offenbar reifte in den nachfrischenden (Überläufer-)Bachen gerade der “2. Satz” Frischlinge heran.

Gegen 20:45 Uhr (8. April 2006) waren wir wieder im Revier. Die Kanzeln, auf denen wir nun aufbaumten, stehen beide am Rand des großen Feldes und bieten einen weiten Überblick. Der Ansitz gestaltete sich bei mir zunächst kurzweilig. Sechs Rehe kamen in Anblick. Der Mond wurde bald darauf von einer dicken Wolkenschicht verhüllt. Eine düstere und windige Szenerie. Plötzlich ging mein Handy - und Martin war in der Leitung. Er hatte auf der großen Freifläche eine in “mittelalterlicher Schlachtordnung” anwechselnde, sehr starke Rotte erspäht. Ich hatte ihm vorher mehrfach erzählt, wie spannend es sei, wenn urplötzlich beim Abglasen auf der nächtlichen Feldflur eine sich langsam bewegende “schwarze Amöbe” (= Schwarzwildrotte) in Anblick kommt, die man dann angehen kann. Nun war es genauso eingetreten. Ich gab Martin ein paar kurze Instruktionen und versuchte, ebenfalls etwas ins Glas zu bekommen. Aber die Sauen mussten sich gerade in einer Senke befinden, denn ich sah nichts. Kurz danach donnerte ein Schuss über das Feld - gefolgt von einem deutlichen Kugelschlag. Dann rief Martin an. Er hatte seine Sau. Ich baumte ab und stieg in den Geländewagen. Kurze Zeit später schaute ich in die strahlenden Augen des überglücklichen Jagdfreundes. Sau tot! Sie lag im Knall. Wirklich erkämpft. Wir umarmten uns: Ein kräftiges Waidmannsheil und sein herzlicher Waidmannsdank. Solche Momente sind absolut unvergesslich. Gemeinsame Freude ist doppelte Freude, sagt eine alte Volksweisheit - und genauso ist es auch.

Hier Martins Bericht zu den Details in jener zweiten Saujagdnacht, den ich kurz darauf als E-Mail bekam:

Nachdem in den ersten zwei Stunden lediglich Rehwild in Anblick gekommen war, rief ich Wolfgang an. In Anbetracht der Tatsache, dass ein Platzwechsel von meinem Sitz einige hundert Meter am Waldrand (und vermuteten Saueneinstand) entlang führen würde und damit möglicherweise kontraproduktiv wäre, entschlossen wir uns, sitzen zu bleiben: Gott sei Dank! Gegen 0:30 Uhr sah ich die Sauen! Beim Abglasen der freien Fläche endeckte ich mitten auf dem Feld die berühmte "schwarze Amöbe". Ein dunkler, auf die relativ große Entfernung nicht ins Detail aufzulösender schwarzer Fleck, aber mit deutlicher Eigendynamik! Schnell zum Handy gegriffen und den "Marschbefehl" abgeholt. Raus aus der Kanzel auf die Leiter, doch was war das: Beim nochmaligen Abglasen waren die einzelnen Sauen jetzt gut erkennbar und zogen in breiter Front auf mich zu. Ein Anblick, der an alte Filme wie "Die sieben Samurai" erinnerte. Also wieder rein in die Kanzel und das Glas hoch. Die Sauen hatten inzwischen schon wieder die Richtung geändert und zogen breit, aber für einen sicheren Schuß zu weit weg, Richtung Norden. Also wieder raus aus der Kanzel und hinunter aufs Feld. Dort aber große Enttäuschung: Im vermuteten Bereich waren auch beim wiederholten Abglasen keine Sauen mehr zu sehen, also wieder kurze telefonische Rückfrage an Wolfgang, ob von seiner erhöhten Position aus was zu sehen wäre. Antwort leider negativ.

Dann hatte ich die ganze "Schweinegesellschaft" plötzlich wieder im Glas. Sie hatten die Zeit meines Abstieges genutzt, waren bereits eine gute Strecke gezogen. Der Wind stand ideal. Jetzt aber zügig hinterher! Ich kam gut voran und konnte die Sauen wiederholt deutlich vernehmen. Es handelte sich um eine gemischte Rotte von mehr als 30 Sauen mit einigen starken Bachen, einigen Überläufern und zahlreichen Frischlingen. Die Senke, in der sich die Rotte nun befand, bot ausreichenden Kugelfang. Nun galt es, die richtige Entfernung abzuschätzen, so dass man auf der einen Seite einen sicheren Schuss anbringen konnte, auf der anderen Seite die Sauen beim Angehen aber nicht beunruhigt würde.

Als ich glaubte, die richtige Distanz zu haben, entschloss ich mich zum Schuss. Die Büchse lag in der Gabel des Zielstocks. Dann aktivierte ich den Leuchtpunkt und spannte. Die erste schwächere "Randsau", die ich im Glas hatte, stand leider nur kurz breit und verschwand dann wieder in der Rotte. Dann hatte ich einen Überläufer frei und ehe sich noch etwas an dessen günstiger Position ändern würde, ließ ich fliegen: Kugelschlag, kurzes Klagen, etwas Schlegeln und dann Ruhe! Nach telefonischer Erfolgsmeldung habe ich noch etwas gewartet - den schwarzen, inzwischen bewegungslosen Klumpen bei gespannter Waffe immer im Zielfernrohr. Die Strecke zum Stück betrug rund 80 Meter. Der Einschuß lag relativ weit vorne, zwischen Blatt und "Trägeransatz". Es handelte sich um eine nicht führende Überläuferbache von aufgebrochen 46 Kilogramm. Erneut kein Ausschuß (werde das 14,6-Gramm-Doppelkerngeschoß fürs Kaliber 9,3x62 zunächst nicht neu bestellen!). Alles in allem waren das zwei Super-Sauen-Jagdnächte, die sicher zu meinen bisher spannendsten Jagderlebnissen zählen!

Sau unterwegs...

Der Grenzgänger

Die Meldung war erst wenige Tage alt. Man hatte die Polizei im Bonn-Bad-Godesberger Ortsteil Lannesdorf zu einem nicht alltäglichen Einsatz gerufen: Eine kopflos gewordene Rotte war in die Stadt gelaufen, hatte sich zu einem Supermarkt verirrt und sorgte dort für helle Aufregung: Auf dem zugehörigen Großparkplatz rannten im Dunkeln plötzlich "wilde Schweine" zwischen den parkenden Autos umher. Sie prallten gegen Wagentüren, als nichtsahnende Feierabend-Einkäufer gerade aussteigen wollten, um ihre Besorgungen zu machen. Mehrere Passanten wurden von umherstürmenden Sauen über den Haufen gerannt. Tumultartige Zustände! Einige Tage später hatten die Beamten einen Keiler in Anblick, der tagsüber den Rhein durchschwamm und an der Mosel waren Winzer in Aufruhr, weil Rotten von Wildschweinen ständig in den Weinbergen wüteten. Viele edelsüße Trauben wanderten nicht in die Trockenbeerenauslese- und Eisweinfässer, sondern in die Schwarzwildmägen. Mancher Rebstock überlebte die rabiate "Sauen-Weinlese" nicht. Derartige Schlagzeilen rissen nicht ab und so mangelte es am Morgen des 29. Novembers 2003 nicht an Gesprächstoff, als sich südlich von Bonn, nahe des Ortes Remagen, eine größere Jagdkorona versammelte. Mehrere Reviere hatten sich dort zu einer "grenzüberschreitenden" Bewegungsjagd zusammengeschlossen. Zur Erlegung freigegeben waren unter anderem Sauen bis 50 Kilo - und starke Keiler.

Die Sonne erwärmte mit ihren ersten schwachen Strahlen die bewaldeten Hänge des Rheintales, als zum Aufgang der Jagd geblasen wurde. Rasch ging es mit den Anstellern hinaus zu den Ständen und die Treiberwehren nahmen mit den Hunden ihre Positionen ein. In den schattigen Revierteilen und insbesondere längs der Bachtäler war die Luft morgens noch kalt und feucht. Der Jagdaufseher fuhr voraus. Dann wurde abgesessen. Zu Fuß stiegen wir in ein enges Kerbtal und dort wurde mir ein Stand zugewiesen. Wie der Zufall es wollte, stand ein Schütze nicht weit von mir auf der anderen Seite der Reviergrenze etwas oberhalb im selben Bachtal. Gesagt wurde mir das jedoch nicht. Statt dessen hieß es: "Bitte im Gegenhang nicht zu weit nach oben funken", denn da stehen auch Schützen. Das

Eichen-Buchen-Altholz rings um meinen Stand bot ein gutes Schussfeld. Der Waldboden war von einer dicken, rotbraunen Laubschicht bedeckt. Oberhalb des gegenüberliegenden Steilhangs schließt ein Fichtenholz an und unten am Bach verläuft ein alter Schwarzwildwechsel. “Kein schlechter Stand, sieht recht erfolgversprechend aus”, sagte ich mir - und nahm den Jagdrucksack ab. Neben einer alten Buche mit aufgesprühter Standnummer richtete ich mich mit dem Sitzstock ein. Die raschelnde Laubschicht musste etwas beiseite geschoben werden, der Zielstock zum Anstreichen wurde in Griffweite an den Baumstamm gelehnt. Und nun galt es, ruhig zu verharren, nach anwechselndem Wild zu lauschen und das Gelände ringsum mit Adleraugen zu “scannen”. Gespannte Erwartung machte sich breit - uralte Jagdinstinkte lebten auf.

Plötzlich hallte Hundegeläut durch den winterlichen Forst. Die vierläufigen Jagdgehilfen waren dem Wild auf den Fersen. Solche Momente faszinieren mich immer wieder auf’s neue. Im Gegenhang preschten mit einem Mal zwei Stücke Rehwild in das Bachtal hinein. Ein Bock und eine Ricke. Mitten im Hang befand sich ein kleines Erdplateau, fast wie ein schmaler Balkon. Genau dort verhofften die beiden Stücke und standen breit. Schon war die Repetierbüchse angebackt. Der Blick “flog” durch die Zieloptik. Der hellrote Leuchtpunkt des Absehens ruhte auf der Kammer der Ricke: Schuss! Das Stück sackte zusammen und rutschte in den Steilhang, während der scharfe Schussknall der 7x64er-TMR-Patrone im Tal verhallte. Aber es blieb nur wenig Zeit, um Atem zu holen. Bereits kurze Zeit später setzten nochmals ein Bock und eine Ricke hochflüchtig durch das kleine Tal. Sie querten es in gleicher Richtung wie das Wild zuvor und wurden dann langsamer. Etwa 50 Meter links von meinem Stand verhofften die beiden Rehe in einem Stangenholz. Schon befand sich der Leuchtpunkt auf der Kammer der noch nicht ganz frei stehenden Ricke, als von rechts im Hang schnaufend und krachend eine kleine Rotte von drei Sauen anwechselte. Braune Schwarte, runde 25 bis 30 Kilogramm schwer - das passte genau! Blitzschnell wurde umdisponiert. Die Frischlinge hatten im selben Moment hinter einer querliegenden toten Buche Deckung bezogen. Bis zu der dicken Baumleiche waren es etwa 35 bis 40 Meter. Die Büchse blieb angebackt -

Der Grenzgänger…

denn nun galt es, den richtigen Augenblick abzupassen, um die Situation auch zu nutzen. Wann - fragte ich mich - kommt wohl wieder Bewegung in dieses Spiel? Dann passierte alles unerwartet schnell: Sowie die erste Sau hinter dem Wurzelteller des umgestürzten alten Baumes hervortrat, ließ ich die Kugel fliegen. Zwei der Sauen stoben nach dem Schuss wie "braune Kanonenkugeln" auf und davon. Aber wo war die Dritte? Da vernahm ich ein leises Rascheln im Laub. Schlegelte die Wutz hinter der querliegenden Buche?

Mit einem Mal näherte sich auf dem alten Schwarzwildwechsel am Grund des Bachtales im langsamen Troll eine überdurchschnittlich starke Sau - ein richtiges "Klavier". Das massige und zugleich etwas unbeholfen wirkende Tier war auf die Entfernung hin noch nicht klar anzusprechen. Handelte es sich um eine starke Leitbache? Der voluminöse Schwarzkittel zog durch einen Gehölzstreifen das Tal hinauf und kam immer näher. Nun bestätigte sich ein Verdacht, der mir auf die Entfernung hin bereits gekommen war: Das Stück schonte einen Vorderlauf. Bei jedem Schritt knickte es rechts leicht ein. “Eine angeschweißte grobe Sau”, war die jetzt naheliegende Schlussfolgerung. Dann sah ich die Gewehre aufblitzen! Was da im Altholz direkt auf mich zukam, war also ein starker Keiler. Es trennten uns vielleicht noch 30 Schritte, als ich dem Bassen spitz von vorne die Kugel antrug. Im selben Moment riss es das mächtige Tier für Sekundenbruchteile auf die stämmigen Hinterläufe. Die Kugel, die eigentlich spitz von vorne mitten auf der massigen Stirn der Sau einschlagen sollte, fasste einige Zentimeter tiefer zu. Dort schlug sie durchs Gebrech tief in den Wildkörper der Sau hinein. Und nun traute ich meinen Augen kaum: Dieser Keiler zog trotzdem weiter - unglaublich! Im aufgerissenen Unterkiefer, aus dem nun massenhaft Schweiß herausströmte, saßen unterschiedlich lange Gewehre. Brüllendes Klagen erfüllte das kleine Tal - eine schaurige Szenerie. Nur wenige Meter entfernt wechselte der schwerkranke Basse kurz darauf an meinem Stand vorbei. Fast konnte ich ihm an die graublonde Winterschwarte greifen. Den mächtigen Schädel warf der torkelnde, laut klagende Keiler dabei ständig hin und her. Der Schweiß schoss immer noch in einem dickem Strahl aus dem Innern des weit geöffneten Wurfes heraus. Sofort versuchte ich nachzuschießen, doch beim überhasteten Repetieren hatte sich beim 98er ausgerechnet jetzt eine Patrone verklemmt. Der dadurch verzögerte Nachschuss richtete nur Flurschaden an. Der klagende Keiler zog weiter das Bachtal hinauf. Bald darauf war er aus meinem Blickfeld verschwunden. Plötzlich fielen in seiner Fluchtrichtung kurz hintereinander zwei Schüsse. Das Echo des Kugeldonners rollte durch das Tal - dann herrschte Ruhe.

Nach dem Ende der vereinbarten Zeit des Treibens ging ich zunächst zu der umgestürzten Altbuche und fand dort den mit einem Kammerschuss gestreckten Frischling. Dann holte ich das erlegte Reh aus dem Steilhang und ging nun die breite Schweißfährte des beschossenen Keilers aus - in Richtung des benachbarten Reviers. Auf diese Weise gelangte ich zu meinem Nachbarschützen auf der anderen Seite der Grenze. Er hatte den totwunden Bassen mit zwei Kammerschüssen gestoppt und damit endgültig zur Strecke gebracht. Wir freuten uns zunächst einmal über das gemeinsame und schließlich nicht gerade alltägliche Jagderlebnis. Und so könnte die Erlegungsgeschichte dieses starken Keilers, den wir später den "Grenzgänger" tauften, hier auch mit einem klassischen "Happy-End" schließen - wenn sich die zuständigen Pächter wegen der massigen Beute nicht kurz darauf kernig zerstritten hätten. Das Wildbret des aufgebrochen rund 120 Kilogramm schweren Keilers wurde nämlich von beiden Kontrahenten beansprucht. Offenbar war die Wildfolge zwischen den angrenzenden Revieren nicht eindeutig geklärt.

Die andere Frage, wer nun der rechtmäßige Erleger ist und die Keiler-Trophähe beanspruchen darf, wurde noch am Tage der Jagd durch die Hinzuziehung des Nachsuchenführers Rudolf Nohles geklärt. Er hatte mit seinen Bayerischen Gebirgsschweißhunden gerade eine andere Nachsuche abgebrochen und war bereits an der Wildkammer, als ich dort eintraf. Einer kurzen Inaugenscheinnahme folgte das von den Jagdleitern erbetene Urteil: "Das ist ganz klar Ihr Keiler Herr Schulte, denn die erste Kugel war bereits tödlich - und das zählt. Das stark schweißende Stück wäre bei einer Nachsuche von uns auf jeden Fall gefunden worden". Nohles war verwundert, dass die Sau mit einer derart schweren Schussverletzung nicht direkt an meinem Stand "über Kopf" gegangen war. Während der Jagd am 29. November 2003 war der urige Basse entgegen meiner ersten Annahme zuvor jedoch nicht angebleit worden, als ihn meine Kugel traf. Das Hinken rührte von einer alten, mittlerweile aber verheilten Verletzung des rechten Vorderlaufs her. Der Lauf war offensichtlich irgendwann gebrochen gewesen, dann schlecht zusammengewachsen und daher verkrüppelt. Vielleicht war ein Autounfall dafür verantwortlich. Tatsache ist ferner, dass dieser Keiler in der Region kaum bekannt war. Offenbar gehörte er zu denjenigen Bassen, die sich irgendwie "durchgemogelt" haben. Der Schuss spitz von vorne hatte den linken Haderer total zertrümmert - daher auch die Patronenhülse mit dem Hadererfragment auf dem Keilerbrett (siehe Buchtitel). Der vebliebene rechte Haderer hatte den außergewöhnlich starken Umfang von 8,1 Zentimetern. Die Keiler-Gewehre messen rechts 17,5 und links 21,2 Zentimeter. Der Schwarzwildexperte Norbert Happ, der das Gewaff später ausgepunktet hat, kam trotz des fehlenden Haderers immer noch auf 103,50 CIC-Punkte. Das Alter des Bassen wurde auf der Bewertungs-Urkunde mit "jagdbar und älter" umschrieben. Wahrscheinlich war das Tier über sieben Jahre alt. "Da meist zu wenig Vergleichsmaterial von markierten Keilern aus der betreffenden Region vorhanden ist, sollte man bei der Schätzung des Alters generell vorsichtig sein", meinte der Experte. Mit seiner graublonden Schwarte, dem lädiertem "Vorderhammer" und seinem abnormem Gewaff bleibt dieser fast vor der eigenen Haustür erlegte urige Keiler für uns in vieler Hinsicht ein außergewöhnlicher Fall - eben ein echter Grenzgänger.

Die Gewehre des Grenzgängers im geborstenen Unterkiefer

Die Wildbretreifung

Bei älterem Wild sind die Fleischfasern länger (die Muskelmasse ist kräftiger ausgebildet) und es ist mehr Kollagen (leimartiges Eiweiß des Bindegewebes) vorhanden, doch deshalb braucht das Wildbret noch lange nicht zäh zu sein. Was immer wieder übersehen wird, ist die Tatsache, dass auch junges Wild beim Verzehr zu einem zähen Problemfall werden kann. Mit anderen Worten: Ob Wildbret zäh wird oder nicht, hängt sehr weitgehend von Faktoren ab, die altersunabhängig sind. Besonders wichtig ist in diesem Zusammenhang die Fleisch- beziehungsweise Wildbretreifung.

Die Reifung ist für die Genussqualität des Wildbrets, insbesondere was die Zartheit betrifft, außerordentlich wichtig. Denn dabei werden das Bindegewebe und die großen Eiweißmoleküle durch Enzyme aufgespalten und teilweise aufgelöst. Die Zellstrukturen werden aufgelockert und die Muskulatur verliert an Festigkeit: Das Wildbret wird zart!

Damit der Reifungsprozess ungestört ablaufen kann, müssen einige Bedingungen erfüllt sein: In der Muskulatur muss in ausreichender Menge sogenanntes Reservekohlenhydrat (verfügbares Glykogen) vorhanden sein, das bei der Reifung dann sukkzessiv in Milchsäure umgebaut wird. Daraus ergibt sich eine im Normalfall langsam ansteigende Säuerung des Wildbrets. Und es muss genügend Zeit vorhanden sein, damit sich die erst im sauren Medium wirksam werdenden Enzyme im Wildbret entwickeln können.

Wichtig: Ideale Voraussetzungen für zartes Wildbret bietet ein ungestresstes, gesundes Stück Wild, das möglichst am Anschuss verendet ist und danach umgehend und ohne Verletzung der Verdauungsorgane, aufgebrochen wird. Das äußere Zeichen für das Absinken des pH-Wertes unter 6,0 und die damit beginnende Säuerung des Wildbrets, ist das Anlaufen der Totenstarre ***(rigor mortis)*** - erkennbar zum Beispiel am Kiefer oder am Träger. Nun sollte das erlegte Stück in die Kühlung kommen. Dort muss das Wildbret dann bei einer Umgebungstemperatur von 5 bis 7 Grad Celsius mindestens bis zur Auflösung der Totenstarre reifen. Bei einem Frischling von circa zwanzig Kilogramm (vergleichbar: Kitz oder Schmalreh) sind rund 36 Stunden für die Reifung anzusetzen, etwa 90 Stunden dauert der Prozess bei einem starken Stück Schwarzwild (vergleichbar: starkes Rotwild). Hängt das erlegte Stück bis zu einer Woche in der Kühlung, so schadet dies dem Wildbret nicht. Als Alternative ist es möglich, küchenfertig portioniertes Wildbret vakuumverpackt bei circa fünf Grad Celsius bis zu zehn Tage zu lagern, bevor es eingefroren oder verarbeitet wird.

Wird ein Stück vor dem Erlegen länger gehetzt oder es flüchtet nach dem Schuss über eine längere Distanz und zieht ins Wundbett, dann wird der Glykogengehalt in der Muskulatur stark herabgesetzt. Nicht selten ist dann eine zu geringe Säuerung bei der Reifung und damit ein zu schwaches enzymatisches Aufschließen der Muskulatur zu verzeichnen. Die Folge: Das Wildbret wird zäh! Dies kann übrigens auch passieren, wenn ein Stück sofort zerwirkt und das Wildbret dann vor dem Anlaufen der Fleischreifung eingefroren wird. Ungünstig ist ein zu schnelles Absinken der Wildbret-Temperatur auf weniger als 15 Grad Celsius, bevor die Säuerung einen pH-Wert von 6,0 oder darunter erreicht hat. Dies kann sich draußen zum Beispiel bei starkem Frost oder in der Kühlkammer vor allem bei jungem Wild (leichtgewichtigen Stücken) einstellen und führt zu einer sich nicht wieder auflösenden Muskelfaserverkürzung ***("cold shortening")***. Starke Stücke sind davon kaum betroffen. Bei Lufttemperaturen von mehr als 20 Grad Celsius tritt bei ph-Werten von 5,7 bis 6,0 ferner eine deutliche Verkürzung der Totenstarre ***("rigor shortening")*** auf, die ebenfalls eine Muskelfaserverkürzung von 20 - 50 Prozent bewirken kann. Wie bei der zuvor erwähnten "Kälteverkürzung" erhält man als Folge zähes Fleisch mit einem erheblichen Tropfsaftverlust. Schließlich kann auch ein zu früh beendeter Bratvorgang für zähes Wildbret verantwortlich sein, denn auch dabei kann es zur Muskelfaserverkürzung kommen.

Ein Tipp erfahrener Köche lautet daher: Geben Sie das Wildbret nach dem Anbraten in einen geschlossenen Behälter und lassen es dann ausreichend lange "auf kleiner Flamme" schmoren - oder im Backofen bei 180 Grad Celsius rund 180 Minuten.

Schwarzwildkeulen eignen sich auch hervorragend zum Räuchern und ergeben einen ganz vorzüglichen Wildschweinschinken. Diese Form der Wildbretveredelung wird wahrscheinlich noch viel zu wenig genutzt. Auch beim Räuchern ist jedoch zu beachten, dass Stücke verwertet werden, die möglichst "im Knall" gelegen haben. Ansonsten kann man auch bei Pökelware unliebsame Überraschungen erleben. Ein Jäger und Metzgermeister aus Bornheim, der über die Region hinaus für seinen hervorragenden Wildschinken bekannt ist, musste zum Beispiel mehrfach feststellen, dass die geräucherten Schinkenportionen am Ende nicht die gewünschte Konsistenz bekamen. Hinterher stellte sich dann heraus, dass es sich beim angelieferten Wild zum Beispiel um Sauen gehandelt hatte, die auf Grund längerer Fluchtstrecken oder Hetzen in Hinblick auf einen zu geringen Glykogenpegel entsprechend vorgeschädigt und damit für das Räuchern ungeeignet waren.

Literaturrecherchen, ergänzende Mitteilungen von Achim Reske (Bornheim) und Dr. Klaus Mann (Siegburg)

Kulinarisches

Marinierte Wildschwein-Steaks

Wildbret aus Keule, Rücken oder Filets in finger- oder daumendicke Scheiben schneiden. Helles Bindegewebe und sehnige Bestandteile werden abgeschärft. Sodann werden die Steaks in eine würzige Oel-Marinade eingelegt. Dazu wird das Fleisch beidseitig kräftig gewürzt: Knoblauch-Granulat (oder frischer Knoblauch aus der Knoblauchpresse), Salz, Weißer Pfeffer und eine Prise edelsüßes Parikapulver. Man gibt die Steaks nun in eine Schüssel und gießt solange Speiseoel zu, bis das Wildbret davon bedeckt wird. Man deckt die Schüssel mit Frischhaltefolie ab und stellt das Ganze für etwa zwei bis drei Tage in den Kühlschrank. Danach sind die Steaks "durchgezogen" und fertig zum Braten. Die vom würzigen Marinade-Oel überzogenen Steaks müssen jetzt nur noch in der heißen Pfanne unter mehrmaligem Wenden gebraten werden - und zwar je nach Geschmack: "englisch" (= innen noch blutig), "medium" (= innen rosa) oder "well done" (= gut durchgebraten). Die marinierten Steaks eignen sich auch hervorragend zum Grillen. Auch Wildbret vom Rehwild, Damwild, Rotwild etc. eignet sich bestens zum Marinieren. Serviervorschlag: Ein Stich Kräuterbutter auf den Wildbret-Steaks rundet den Geschmack dieser Delikatesse ab. Ich kenne eine Reihe von Jäger und Wildbretliebhabern, die noch nie Wildbret als Kurzgebratenes probiert hatten. Nach dem Ausprobieren unseres Rezeptes waren sie restlos begeistert.

Gegrillte/gebratene Wildschwein-Rippchen

Rippchen tellerfertig portionieren, ringsum mit mittelscharfem Senf bestreichen und in einer Schüssel an einem kühlen Ort rund 30 Minuten ziehen lassen. Senf enthält bereits Oel und zahlreiche Gewürze, die ideal zum Wildbret passen. Danach kann man die Wildschwein-Rippchen auf den Grill oder in die Pfanne ins heiße Oel geben und unter mehrfachem Wenden braten. Knusprig braun serviert, sind Wildschwein-Rippchen eine besonders schmackhafte Gaumenfreude. Manche Freunde lassen dafür sogar jedes Filetsteak liegen. Als Beilagen eignen sich z. B. Kartoffelsalat, Bratkartoffeln oder Folienkartoffel und ein frischer Salat.

Wildschwein-Ragout (Rezept für 4 Personen)

Wildbret (rund 500 - 700 g) in kleine Stücke schneiden bzw. würfeln und im Topf im heißen Fett anbraten. Danach das Bratgut mit Wasser ablöschen, bis das Fleisch mit Flüssigkeit bedeckt ist. Einen kräftigen Schuss Rotwein dazugeben. Gut geeignet ist z. B. ein trockener Rotwein, der später auch zum Essen gereicht wird. Ferner kommen hinzu: Salz, Schwarzer Pfeffer, Majoran, 2 Lorbeerblätter, 3 Teelöffel Klare-Brühe-Instantpulver (oder Wild-Fond), 3 - 4 Teelöffel Zucker, frische Möhrenscheiben, frische Pilze (z. B. Champignons) in Stücke geschnitten, 4 - 5 Teelöffel Tomatenmark. Das Ganze kurz aufkochen und danach 2 Stunden auf kleiner Flamme "köcheln" lassen. Am Ende je nach Geschmack nochmals einen Schuss Rotwein beigeben. Eindicken unter Hinzufügung von Mehl oder Soßenbinder. Fertig zum Servieren - zum Beispiel mit Rotkraut und Knödeln.

Wildschweingulasch (Rezept für 4 Personen)

Zutaten: Wildbret (500 - 700g), 300 - 400 g Zwiebeln, Fett zum Anbraten, 4 Esslöffel Tomatenmark, 1 - 2 Teelöffel Paprikapulver-scharf, 1 Schuss Rotwein, Salz, Schwarzer Pfeffer, ca. 1/2 bis 3/4 Liter Wasser, 2 - 3 Teelöffel Klare-Brühe-Instantpulver, 1 kräftige Prise Zucker, ggf. etwas Mehl oder Soßenbinder. Zubereitung: Wildbret z. B. Nacken, Keule oder Schulter, in Würfel schneiden. Zwiebeln schälen, würfeln und im heißen Fett dünsten. Fleischwürfel zugeben und ringsum andünsten. Dann Tomatenmark, Paprika und Wein unterrühren, Wasser/Fleischbrühe zugießen. Das Gulasch aufkochen und danach rund 3 - 4 Stunden auf kleiner Flamme schmoren lassen. Zuletzt ggf. mit Mehl oder Soßenpulver binden und je nach Geschmack noch mit einem weiteren Schuss Rotwein abschmecken. Fertig zum Servieren: Dazu passen Knödel oder Salzkartoffeln.

Keltische Keilerdarstellung

Wildschweinbraten

Zutaten: Bratenstück (z. B. Frischlings-Keule) oder sonstige Bratenstücke , Biskin-Oel, 3 - 5 Teelöffel klare Brühe-Pulver, Salz, Pfeffer, Knoblauch-Granulat, Rosmarin, Wasser, 1 Schuss Rotwein, 1 Teelöffel Zucker, ggf. etwas Mehl oder Soßenbinder.

Zubereitung: Fett (ideal ist z. B. Biskin oder Palmin, wegen seiner hoher Temperatur beim Anbraten) in einem Topf oder "Bräter" heiß werden lassen. Den mit Salz, Weißem Pfeffer, Knoblauch (-Granulat) und Rosmarin gewürzten Braten (oder die Bratenstücke) beigeben und auf beiden Seiten scharf anbraten. Dann mit Wasser ablöschen, Klare-Brühe-Instantpulver, eine Prise Zucker und einen Schuss Rotwein zugeben. Der Braten soll etwa zur Hälfte in der Flüssigkeit liegen. Man kann je nach Geschmack noch Gemüse (Karotten/Möhren-Scheiben usw.) zugeben. Dann alles bei kleiner Hitze drei oder mehr Stunden schmoren lassen. Das Bratenfleisch sollte am Ende fast "vom Knochen fallen". Man kann den Bratensaft aus dem Bräter als Soße verwenden. Oder man gießt den Bratensaft durch ein feines Sieb, verfeinert ggf. mit Sahne oder Creme-fraiche und frischen Pilzen, dickt mit Mehl oder Soßenbinder etwas an und kocht diese Bratensoße dann nochmals kurz auf. Fertig zum Servieren: Dazu passen Salzkartoffeln, Rosenkohl oder Rotkohl.